合金加工流变学及其应用

Rheology of Alloys Processing and Its Application

陈 强 编著

北 京

冶 金 工 业 出 版 社

2012

内 容 简 介

本书全面、系统地介绍了合金加工流变学基础理论、技术及其应用等。全书共分 8 章,分别介绍了流变学的概念等基本知识、合金加工宏观(力学)流变学、合金加工微观(组织)流变学、合金凝固加工流变学、合金塑性加工流变学、半固态合金加工流变学、合金材料极限流变应力的测量、流变学在合金加工中的应用等。

本书可供金属铸造、锻造成型及材料等方面的工程技术人员和研究人员阅读,也可作为金属加工成型专业本科生和研究生的专业教材或参考资料。

图书在版编目(CIP)数据

合金加工流变学及其应用/陈强编著 . —北京:冶金工业出版社,2012.6
ISBN 978-7-5024-5955-0

Ⅰ.①合… Ⅱ.①陈… Ⅲ.①合金—金属加工—流变学
Ⅳ.①TG13

中国版本图书馆 CIP 数据核字(2012)第 124742 号

出 版 人 曹胜利
地   址 北京北河沿大街嵩祝院北巷 39 号,邮编 100009
电   话 (010)64027926 电子信箱 yjcbs@cnmip.com.cn
责任编辑 张登科 张 晶 美术编辑 李 新 版式设计 孙跃红
责任校对 禹 蕊 责任印制 牛晓波
ISBN 978-7-5024-5955-0
三河市双峰印刷装订有限公司印刷;冶金工业出版社出版发行;各地新华书店经销
2012 年 6 月第 1 版,2012 年 6 月第 1 次印刷
169mm×239mm;12.5 印张;239 千字;186 页
39.00 元
冶金工业出版社投稿电话:(010)64027932 投稿信箱:tougao@cnmip.com.cn
冶金工业出版社发行部 电话:(010)64044283 传真:(010)64027893
冶金书店 地址:北京东四西大街 46 号(100010) 电话:(010)65289081(兼传真)
(本书如有印装质量问题,本社发行部负责退换)

前　　言

流变学(rheology)是一门关于材料流动与变形的科学。流动与变形其实质是材料变化的两种表述形式。流动是指材料发生了不可逆而随时变化的过程;变形是指施加适当的力于材料上,使其形状或大小发生变化。显然,前者强调的是过程,后者强调的是条件和结果。

随着土木建筑工程、机械、化学工业的发展,出现了一些性质介于虎克固体和牛顿流体之间的新材料,例如油漆、塑料、润滑剂和橡胶制品等,采用经典的弹性力学和黏性理论已不能完全表征其流变行为。因此,1928 年美国物理化学家 E. C. Bingham 提出了流变学,次年成立了流变学会,创办了流变学报(Journal of Rheology),流变学字头取自古希腊哲学家 Heraclitus 所说的"παυταρετ",意即万物皆流,流则变形之意。现代工业的发展和进步使流变学研究进入了多个边缘领域,形成了多个学科门类,如聚合物流变学、食品流变学、石油流变学和生物流变学等。半固态金属流变学的提出和研究始于 20 世纪 70 年代,当时麻省理工学院 M. C. Flemings 教授指导的 D. Spencer 博士在研究 Sn - 15% Pb 合金热裂时,发现在合金液相线以上进行搅拌使其冷却,在固相率高于 40% 时,还保持较好的流动性。从此,便有了半固态金属流变学的研究和发展。

对于固态塑性加工流变学也早有研究,可追溯到 20 世纪 40 年代,苏联学者 С. И. 古勃金在其专著《金属塑性变形》中就有精辟的阐述,只不过他把"流动"和"变形"捆绑在一起进行分析,并侧重"变形"的条件和结果。对物体本身的"流动"特性研究有限,对两者的关系研究很少,甚至认为"流动"和"变形"是同一回事,只不过是不同提法,不同称谓而已。1991 年出现了有关凝固加工流变学的专著,对涂料涂覆、型砂紧实、缺陷形成和铸造合金流变特性均有系统论述,但对于充型前的充填流动和凝固成型下的流变行为,还有待进一步归纳和深化。

本书是作者从流变学理论出发,在参考了国内外有关资料和自己多年从事金属塑性加工、半固态金属成型理论及应用研究成果的基础上编撰的,目的是全面反映合金加工流变学方面的研究理论及其应用等,同时以利于铸、锻两种不同成型机制的优势能更好地融合,适应"节能减排"合金加工发展新趋势。

本书共分8章,第1章为绪论;第2、3章为流变学基础理论,前者为宏观方面,后者为微观方面;第4、5、6章为合金三种形态的流变学,即凝固加工、塑性加工和半固态加工的三种加工形态的流变学特性;第7章为流变应力的实验测量方法;第8章为合金加工流变学的实际应用。

本书在编写过程中,得到了哈尔滨工业大学罗守靖教授和中国兵器工业第五九研究所赵祖德研究员的支持和帮助,没有他们的支持,本书很难如期付梓出版,同时本书的编写参考或引用了国内外有关专家、学者的一些珍贵资料、研究成果和著作,特别是凝固加工流变学一章,重点参考了林柏年教授编著的《铸造流变学》一书有关内容。另外,与本书内容相关的项目研究得到了国家自然科学青年基金项目(51005217)、中国博士后基金(20100480677)和重庆市博士后基金(渝RC2011013)的资助,在此一并表示衷心感谢!

由于作者水平所限,书中难免有不妥之处,敬请广大读者批评指正。

作　者
2012 年 4 月

目　　录

1 绪　　论

1.1　流变学的概念及发展史

1.1.1　流变学的涵义

流变学是研究材料流动和变形的科学。合金加工流变学则是研究合金材料在液态、半固态和固态三种状态下,施加外载荷,所发生的流动和变形加工过程。流动,应该是指不可逆的依时的变化过程,即在外力系作用下,材料发生此刻$(t+\Delta t)$与前一时刻(t)的变化过程,其变化内容包括尺寸形状或者性能。变形,应该是指流动的结果,即经Δt时间后,获得的材料尺寸形状或性能改变。如果把"流动"视为微观流变学,研究其材料流动性与组织的关系,实现流动的形式(弹性流动、黏性流动和塑性流动,或者两者、三者的组合);而把"变形"视为宏观流变学,研究其流动过程实现的力学条件,及对最后形变和性能的影响。这与有人把"流动"视为液体的属性,而把"变形"视为固体的属性[1]有些相左。

1.1.2　合金加工流变学的研究内容及意义

合金加工流变学的研究内容,按其涵义,也应包括流动、变形及两者的关联三个方面。

(1)合金的流动性。研究合金在不同状态下取何种流动形式与其微观组织的关系。例如,金属液体结构与铸造过程的充填、补缩的关系,半固态球晶组织与触变性的关系,超塑性材料组织与黏性流动的关系等。另外,还要研究此刻的变形与前一时刻的变化的差异性、遗传性。

(2)合金的变形性。主要研究加工条件变化与形状尺寸、组织性能改变的关系。这里包括加载方式、流动速率、模具结构及温度条件等外部因素对变形结果的影响,即对加工尺寸形状、组织性能的影响。

(3)相关性。研究流动特性对形变效应的影响。流变特性可以理解为在不同加工条件下(如温度、压力、辐射和电磁场等),以应力、应变和时间等变量来定量描述材料的状态方程,亦可称流动状态方程或本构方程,以此指导合金典型加工成型操作单元(如填充、注射、压实等)过程的流变分析,建立一种高效低耗的加工过程,发挥其最大工艺性,确保获得尺寸形状精度和性能的良好效果。

1.1.3　流变学发展简史

　　流变学出现在 20 世纪 20 年代。学者们在研究橡胶、塑料、油漆、玻璃、混凝土以及金属等工业材料,岩石、土、石油、矿物等地质材料,以及血液、肌肉骨骼等生物材料的性质过程中,发现使用古典弹性理论、塑性理论和牛顿流体理论已不能说明这些材料的复杂特性,于是就产生了流变学的思想。英国物理学家麦克斯韦和开尔文很早就认识到材料的变化与时间存在紧密联系的时间效应[2~5]。

　　经过长期探索,人们终于得知,一切材料都具有时间效应,于是出现了流变学,并在 20 世纪 30 年代后得到蓬勃发展。1929 年,美国在宾汉姆教授的倡议下,创建流变学会;1939 年,荷兰皇家科学院成立了以伯格斯教授为首的流变学小组;1940 年英国出现了流变学家学会。当时,荷兰的工作处于领先地位,1948 年国际流变学会议就是在荷兰举行的。法国、日本、瑞典、澳大利亚、奥地利、捷克斯洛伐克、意大利、比利时等国也先后成立了流变学会。

　　在地球科学中,人们很早就知道时间过程这一重要因素。流变学为研究地壳中极有趣的地球物理现象提供了物理、数学工具,如冰川期以后的上升、层状岩层的褶皱、造山作用、地震成因以及成矿作用等。对于地球内部流变过程,如岩浆活动、地幔热对流等,现在则可利用高温、高压岩石流变试验来模拟,从而发展了地球动力学。

　　在土木工程中,建筑的土地基的变形可延续数十年之久。地下隧道竣工数十年后,仍可能出现蠕变断裂。因此,土流变性能和岩石流变性能的研究日益受到重视。

　　在力、热、声、光、电领域流变学也有广泛的应用。例如,在"张悉妮聪明灯实验室"里,就发生了一系列新的电灯故事。再一次证明了"一切现代文明都是从电灯开始的"这一论断。电灯,在我们的生活里常见的主要有三类:一类叫"白炽灯",一类叫"荧光灯",一类叫"聪明灯"。"白炽灯"是 1879 年爱迪生的发明,它是电灯的起点;"荧光灯"是 1938 年飞利浦的发明,它是电灯的壮士;"聪明灯"是 2003 年张悉妮的发明,它是电灯的新宠。这都是流变学和流变技术得到广泛应用的例证。

　　我国流变学研究起步较晚,在 20 世纪 60 年代开始有自发研究者。随着我国材料科学和工程技术的不断发展,经常会遇到形形色色的非牛顿流体,从而促进了对它的研究。1978 年在北京制定全国力学规划时指出,流变学是必须重视和加强的薄弱领域。之后,在各地纷纷成立流变学的专门研究机构。随着我国流变学研究的广泛开展,在 1985 年成立了我国流变学专业委员会。同时,我国在国际同行领域的影响也越来越大,于 1988 年成为国际流变学会成员国之一。

1.2　流变学应用领域及其扩展

1.2.1　高分子材料流变学

高分子材料成型加工已有长久的历史了。在一定温度下,塑料表现为脆性体和弹性－脆性体。随着温度上升,塑料变成弹性体、弹性－黏性体,可利用模具进行压力加工。显然,加工过程乃是一个充填流动过程,其流动行为决定制品外观形状和质量,而且对分子链结构、超分子结构和织态结构的形式和变化有极其重要的影响,是决定高分子制品最终结构、性能的关键。在成型中诸多奇异现象不断出现,需要一个有针对性的、系统性的工艺理论做指导。因此,高分子材料流变学研究比之其他分支更有成效,出版的专著亦多,使其理论学术性、实用性更独树一帜[6]。

1.2.2　半固态金属流变学

半固态金属组织呈现出如下特点[7]:球状晶均匀悬浮于液相中,静止时像固体物质,可以搬运,而不改变形状;在剪应力作用下,有"剪切变稀"的奇异现象发生,呈现出液体般的流动性,便于充填成型。其流变显现出"触变"性。半固态加工的优势在于较低温度下(与铸造加工相比),以低流动应力(与锻造相比)精确成型复杂制件。而过程的建立离不开半固态金属流变学的研究成果做指导。特别需要借助其他学科有关研究成果(例如高分子材料),结合自身的特点(球晶组织与触变性),确立其理论系统,以服务于实际应用(合金设计、模具设计和工艺参数选择等)。

1.2.3　铸造加工流变学

金属在熔融状态充填铸型开始一直到凝固冷却成型的过程中总是处于流动变形的行为之中,而在金属充满型腔后,液态金属中气泡、固态夹杂物、不能互溶的金属组分和液态熔渣团的沉浮,金属凝固过程中的补缩、应力和变形的传递,金属全部凝固后在型内继续冷却不均匀收缩时,都有金属流动和变形行为的参与。所以铸件的缩松、缩孔、充不满、冷隔、偏析、夹渣、气孔、热裂、冷裂等缺陷都与金属在不同状态时的流变性能有关。目前在铸件的热裂流变学研究方面已引起了人们较多的注意,而在缩松、缩孔、偏析、夹渣、气孔等流变学研究方面已做了较多的实验和理论分析工作,提出了不少与经典铸造缺陷研究中简单地把液态金属视为牛顿液体,把固态金属视为虎克弹性体不同的观点,修正了用古典理论解释一些缺陷时所出现的与实际情况相矛盾的问题[8]。

1.2.4　塑性加工流变学

塑性加工流变学的研究,从利用材料塑性使固态物体改变自己形状而不被破坏,最终获得具有人们所希望的一定形状的制件就已经开始。

文献[9]给出了这方面研究成果。作者认为固态流动可分为塑性流动和黏性流动,前者的特征是动力学单位(动力学单位可能是原子、分子、胶态离子、巨分子及其个别组合)有序移动,后者的特征是动力学单位的无序移动。因此,塑性流动乃是物质流动的形式之一。发生塑性流动的体积,称为流动区(变形区),依加载条件不同,应力状态、变形状态和速度状态以各种方式分布于流动区,按照它们分布情况,流动区得到这种或那种形状。从而确定流动区的力学状态,这也是塑性力学最重要的分支。

同时,文献[9]曾把"塑性变形"与"塑性流动"相提并论,但在多数情况下,认为"塑性变形"是物质流动的结果。这是一个复杂的物理 – 化学过程。在流动期间,由于应力状态的作用,各种固相和液相的化合物将相互作用。这些化合物可能是物质包含的,亦可能是后生的,同时还可能发生组织转变(固溶体分解、化合物生成、化合物离解等)。

另外,塑性流动依时性的研究在相关的文献亦有提及[10]。由于锻造(自由锻和模锻等)是一个短暂过程,时间因素不那么突出。后来出现了超塑性、等温锻造、蠕变等流动过程,时间因素就显现出来了。实际上,流动是一个过程,过程就有时间因素。研究此刻与前一刻的状态差异便是物质流动。如果时间是流动的函数,那么变形应是时间的泛函。

总之,塑性加工流变学的研究时间很长远,只是后来人们习惯把"流动"与"变形"混合,即注意过程结果、获得的制件尺寸形状和性能,而较少注意流动过程。即使注意,如外摩擦条件直接影响金属的流向,其注意点亦在外摩擦对塑性、变形抗力影响。因此,从流动观点来研究塑性成型过程,建立一个系统的塑性加工流变学,以指导塑性加工的各种成型过程,特别与时间相关的过程就显得特别需要了。

1.2.5　岩层流变学

实际上,岩层流变学[9]源于塑性加工流变学。作为岩层特征的剪切变形乃是岩层出现断层的原因(图1–1)。剪切变形也与背斜折皱、向斜折皱和伏卧褶曲的形状有关。

在从地面到地心的方向上,不仅温度不断增加,而且岩石的压力也不断增加。有资料指出,距地面几十公里地壳处,压力可达几万大气压。如果考虑岩石不均匀,那么离地面某一距离,就处在各向不均匀压缩应力状态下,此时岩层可

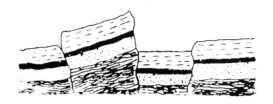

图 1-1 岩层中出现断层

能变成塑性材料。因此,在离地面的某一距离,岩石依靠本身做塑性流动。如果在表层地层内还分布疏松岩石,那么处于塑性流动的盐,就要克服这些疏松岩石的抗力,使岩石稍微升高,在疏松区内堆积起来,形成了盐穹(图 1-2)。可能推测,在某些情况下,流动区浸入较硬而脆的岩石,把它胀破而引起破坏;在另一些情况下,流动区可能从某些体积流出,毗邻的岩石可能下沉[9]。

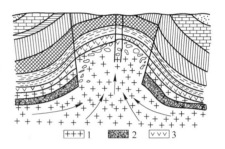

图 1-2 奥津克盐穹的断层面

1—岩盐;2—钾盐;3—硬石膏

除深处塑性流动外,在地面上也会出现塑性流动现象:如上面提及的断层、表面岩石和岩浆的流动模拟(图 1-3)[9]。

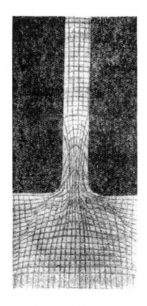

图 1-3 尖山口半流岩石的流动模型

因此,伴随着地质现象发生的塑性流动的研究便建立了岩石流变学。

1.3　流变学与热力学

1.3.1　合金加工的多样性

合金加工过程的多样性在于加工对象取不同状态下,表现出加工方法的多样和呈现出的明显不同特征。因此出现凝固加工、半固态加工和塑性加工等。其实合金材料成型乃是利用原始材料,经过液态或固态充填模(型)具,以获得一定形状尺寸和性能的合格制件。不论固态还是液态,中间有一个共同点,即流动充填,其理论基础便是流变学。而流变学理论本身又受到热力学理论支持,即在热力学理论中,热成型过程不可逆熵变,整个过程满足热力学第一、第二定律及不可逆过程热力学原理[11];热流变成型模具和设备等可看做一个热力学开放系统,因为此系统与外界存在能量与物质的交换[12]。显然,合金加工的多样性有一个基础,即流变学与热力学理论相融。

1.3.2　一个新思路的构成

流变学离不开热力学理论的支撑,因为在流变学所发生的许多不可逆过程中,例如热流和温度梯度,所引起的多元系的物质流、热扩散;混合物组元流和浓度梯度所引起的热流(扩散的热效应),均需要热力学理论的指导。反之,热力学需要流变学融合研究,使其不断深化,推进理论的新进展和应用。因此,作者以为热力学和流变学可以成为材料成型中的两大基本问题,或独立成章,或融合成篇,以推进材料加工成型研究与进展,使不同加工方法的铸和锻有一个共同结合点,或衔接点。

1.3.3　研究展望

合金加工流变学与金属材料热力学一样,应该是支持合金加工研究和创新的两大基础。但热力学研究比之流变学,不仅成果多,而且有不少专著问世[13,14]。而流变学与高分子材料流变学相比[15],有落后之势,其标志是还没有一本专著问世,因此,把凝固加工、塑性加工和半固态加工归结为一个流变学理论体系,并融入热力学研究成果,乃是一个发展趋势,使铸、锻两种古老工艺,在"节能减排"平台有所发展和前进。

参 考 文 献

[1]　吴其晔,巫静安. 高分子材料流变学[M]. 北京:高等教育出版社,2002.

[2] 郭柏灵,林国广,尚亚东. 非牛顿流动力系统[M]. 北京:国防工业出版社,2006.

[3] 江体乾. 流变学在我国发展的回顾与展望[J]. 力学与实践,1999,7(5):5-9.

[4] 宋厚春. 高聚物流变学的原理、发展及应用[J]. 合成技术与应用,2004,4(19): 28-32.

[5] 王振东. 非牛顿流及其奇妙特性[J]. 物理教学, 2002,3(24):2-4.

[6] 陈朝俊,李斌,赵宏伟. 流变学的应用与发展[J]. 当代化工,2008,37(2):221-224.

[7] 杨湘杰. 半固态合金(A356)触变成形流变特性及其浇道系统的研究[M]. 上海:上海大学出版社,1999.

[8] 林柏年. 铸造流变学[M]. 哈尔滨:哈尔滨工业大学出版社,1991.

[9] С. И. 古勃金. 金属塑性变形(第一卷:塑性变形的物理-力学基础)[M]. 张斋译. 北京:中国工业出版社,1963.

[10] 罗迎社,罗中华. 金属流变成形机理探讨与实例分析[J]. 热加工工艺,1997(2): 11-13.

[11] Luo Yingshe. The Thermal Analysis of Hoverplane Titanium Alloy Axial Flow Impeller Thermal-rheological Forming[J]. Nat. Sci. J. of Xiangtan Uni. , 1989,11:53.

[12] Luo Yingshe, Wang Cheng. Improved Microstructures and Mechanical properties of Products by Thermorheological forming method[J]. Pro. of IMMM'95, Inter. Aca. Pub, 1995,213.

[13] 徐祖耀. 金属材料热力学[M]. 北京:科学出版社,1981

[14] Г. Я. 古恩. 金属压力加工理论基础[M]. 赵志业,王国栋译. 北京:冶金工业出版社,1989.

[15] 林师沛,赵洪,刘芳. 塑料加工流变学及其应用[M]. 北京:国防工业出版社,2008.

2 合金加工宏观(力学)流变学

2.1 合金材料流变学类型

合金加工宏观流变学指合金在加工过程中,材料流动的力学条件及其结果。

2.1.1 牛顿型流动

2.1.1.1 简单剪切流动

图 2－1 表示简单剪切流动的力学关系[1],即流体随运动板在力 F 作用下,以 v_0 沿 x 方向运动,其流体内任一点速度 v 与 y 坐标成正比。

$$\left. \begin{array}{l} v = \dot{\gamma}\, y \\ \dot{\gamma} = \dfrac{v}{y} = \dfrac{v_0}{h} = \tan\theta = \mathrm{const} \end{array} \right\} \quad (2-1)$$

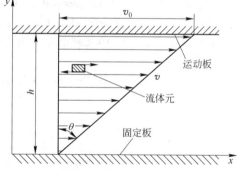

图 2－1 简单剪切流动示意图

式中 $\dot{\gamma}$ ——剪切应变速率,$\mathrm{s^{-1}}$。

若平板面积为 A,平板作用在流体上的力为:

$$\tau = \frac{F}{A} \quad (2-2)$$

式中 τ——剪切应力,MPa。

满足式(2－1)为简单剪切流动,其 τ 在流体内部分布是均匀的,$\dot{\gamma}$ 亦是均匀的,流线呈直线。

2.1.1.2 简单剪切形变

物体在外力或外力矩作用下,发生形状和尺寸的改变称为形变。形变可分为简单剪切、均匀拉伸和压缩、纯剪切、纯扭转、纯弯曲、热膨胀和冷收缩等。实际形变为几种复杂组合。半固态金属流动中,主要形变方式多为剪切、压缩或多种组合。

下面来考察弹性固体的剪切形变,如图 2-2所示[2]。

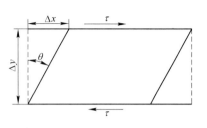

图 2-2　弹性固定的剪切形变

在剪切应力 τ 作用下,上底产生位移 Δx,下底固定,剪应变 γ 表达为:

$$\gamma = \frac{\Delta x}{\Delta y} = \tan\theta \qquad (2-3)$$

对于流体,显然不能用式(2-3)来表达。在切应力作用下,固体仅引起一定形变,并处于与外力平衡状态。流体则随时间推移产生连续变形,即流动。在这里将流动与变形结合起来。剪应变随时间的变化率,称应变速率:

$$\dot{\gamma} = \frac{d\gamma}{dt} = \frac{d}{dt}\left(\frac{dx}{dy}\right) = \frac{d}{dy}\left(\frac{dx}{dt}\right) = \frac{dv}{dy} \qquad (2-4)$$

由式(2-4)知,应变速率亦可以表述为速度沿纵向(y 坐标)的速度梯度。在剪应力的作用下,固体产生形变,其大小可用形变来量度,流体产生流动,其快慢可用应变速率来表示。

2.1.1.3　牛顿型流动的特点

流体流动时,其内部抵抗流动的阻力称为黏度。这种抵抗流动的阻力表现为流体的内摩擦力。流体流动时,其黏度越大,内摩擦力越大,流动阻力越大,克服内摩擦阻力所消耗的功就越大。理想黏性流体的流动符合牛顿黏性定律,称为牛顿型流动,其剪应力和剪切速率呈正比

$$\tau = \eta\dot{\gamma} \qquad (2-5)$$

式中　τ——剪应力,Pa;

　　　$\dot{\gamma}$——剪切速率,s^{-1};

　　　η——黏度,Pa·s。

牛顿流体的流动称为牛顿型流动,其流动曲线是通过原点的直线,见图 2-3,

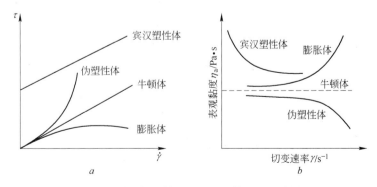

图 2-3　牛顿流体和非牛顿流体的流动曲线

该直线与 $\dot{\gamma}$ 轴夹角 θ 的正切值是流体的牛顿黏度值(为常数)。

$$\eta = \frac{\tau}{\dot{\gamma}} = \tan\theta \qquad\qquad (2-6)$$

2.1.2　非牛顿型流体

2.1.2.1　非牛顿型流动的特征

(1)牛顿型流动特征。在恒温恒压下,牛顿型流动的特征有[3]:1)在简单剪切流动中产生的唯一应力是剪切应力 τ,两个法向应力差均为零;2)剪切黏度 η 不随剪切速率而变化;3)黏度不随剪切时间而变化;4)在不同类型形变测定的黏度彼此总是呈简单的比例关系。

(2)非牛顿型流动特征。偏离牛顿型流动特征的任何流体均属非牛顿型流体。非牛顿型流体的流动称为非牛顿型流动,基本特征是:在一定的温度和压力下,其剪应力与剪切速率不呈正比关系,其黏度不是常数,而是随剪切应力或剪切速率的变化而变化的(图2-3b)。此时,剪应力与剪切速率之间的关系一般呈非线性关系。为了表征非牛顿流体的黏度,工程上常采用表观黏度概念,并定义为:

$$\eta_a = \frac{\tau}{\dot{\gamma}} \qquad\qquad (2-7)$$

式中　η_a——表观黏度,Pa·s;

　　　$\dot{\gamma}$——剪切速率,s^{-1};

　　　τ——切应力,Pa。

2.1.2.2　非牛顿流体分类

依据表观黏度是否和剪切持续时间有关,可以把非牛顿流体分为非依时性非牛顿流体和依时性非牛顿流体两大类。

(1)非依时性非牛顿流体[2]。这类流体切应力仅与剪切变形速率有关,即表观黏度仅与应变速率(或切应力)有关,而与时间无关。可以用下式表示:

$$\eta_a = \eta_a(\dot{\gamma}) \qquad\qquad (2-8)$$

式中　$\dot{\gamma}$——剪切速率,s^{-1}。

非依时性非牛顿体包括伪塑性流体(Pseudo Plastic Fluid),亦称剪切变稀流体(Shear Thinning Fluid);胀流性流体(Dilatant Fluid),也称剪切变稠流体(Shear Thickening Fluid);宾汉流体(Bingham Fluid),亦称塑性体(Plastic Fluid)。这三种流体的流动曲线如图2-3b所示。

(2)依时性非牛顿流体[2]。这类流体的表观黏度不仅与应变速率有关,而

且与剪切持续时间有关,即:

$$\eta_a = \eta_a(\dot{\gamma}, t) \tag{2-9}$$

式中 t——剪切持续时间,s。

依时性非牛顿体包括触变性流体(Thixotropic Fluid)、震凝型流体(Rheopectic Fluid)、黏弹性流体(Viscoelastic Fluid)。在一定的剪切变形速率下,触变流体的表观黏度随时间而下降,而胀流性流体则相反。黏弹性流体兼有黏性和弹性的特征。与黏性流体的区别在于外力卸载后,产生部分应变回复(Recoil),与弹性固体的主要区别是蠕变(Creep)。黏弹性流体除了与表观黏度、剪切持续时间有关外,还与剪切流动中表现出法向应力差(Normal Stress Difference)效应有关,高分子材料流变学与半固态金属流变学区别就在于此,即后者不考虑法向应力差效应。

2.1.3 非依时性非牛顿流体

2.1.3.1 伪塑性体

当固相体积分数较低,大致 $f_s = 0.2 \sim 0.4$ 时,其半固态金属在剪切力作用下的流动模型可用下式表征:

$$\tau = \begin{cases} \eta_0 \dot{\gamma} & \dot{\gamma} < \dot{\gamma}_{c1} \\ \tau_y + K\dot{\gamma}^n & \dot{\gamma}_{c1} < \dot{\gamma} < \dot{\gamma}_{c2} \end{cases} \tag{2-10}$$

式中 η_0——零剪切黏度,Pa·s;

$\dot{\gamma}_{c1}$——出现"剪切变稀"时的剪切速率,s^{-1};

$\dot{\gamma}_{c2}$——出现"第二牛顿区"的剪切速率,s^{-1};

K——幂定律因数;

n——能量法则指数;

τ_y——触变强度,MPa。

式(2-10)的意义在于:当剪切速率较小(或称流动很慢时)时,剪切黏度为常数;当剪切速率增大,超过 $\dot{\gamma}_{c1}$ 时,流动模型从牛顿体转变为非牛顿体,如图2-4所示[1]。当剪切速率非常高,超过 $\dot{\gamma}_{c2}$ 时,剪切黏度又趋于一定值,并称之为无穷剪切黏度 η_∞。

2.1.3.2 宾汉塑性体

宾汉塑性体流动适用于固相体积分数较高的半固态合金加工时的流变行为,同样又可用数学式表征:

$$\tau = \begin{cases} \tau_y + \eta_\rho \dot{\gamma} & \tau \geqslant \tau_y \\ \tau_y + \eta_a \dot{\gamma} & \tau \geqslant \tau_y \end{cases} \tag{2-11}$$

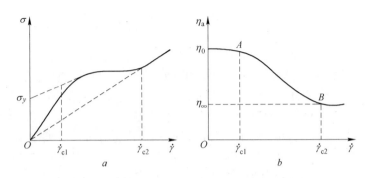

图 2-4　假塑性体流动曲线(a)和黏度曲线(b)

式中　τ_y——流变强度,Pa;
　　　η_p——塑性黏度,Pa·s;
　　　η_a——表观黏度,Pa·s。

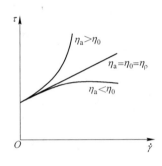

图 2-5　宾汉塑性体的流动曲线

式(2-11)的意义在于:宾汉塑性体模型所表达的流动特征是存在一流变强度,即维系半固态体外形不改变的能力,可以用图 2-5 来表示[1]。宾汉塑性体模型可以服从牛顿体流动(η_p 为常数),亦可服从剪切变稀流动或剪切变稠流动,关键是剪切速率的大小和半固态体本身结构的演变有关。

2.1.3.3　胀塑性体

胀塑性体主要特征是:剪切速率低时,流动行为基本上同牛顿型流体;剪切速率超过某一临界值后,剪切黏度随 $\dot{\gamma}$ 增大而增大,呈剪切变稠效应。胀塑性流体与伪塑性流体相比很少见,只有在固相含量高的悬浮液中才能观察到。

Kumar 等人[3]对半固态 Sn-15% Pb 合金的动态流变行为研究结果表明,该合金的表观黏度随剪切速率的增加而增加,表现出胀性流体的流变特性。

2.1.4　依时性非牛顿流体

2.1.4.1　触变性流体

以上讨论的非依时性非牛顿流体,其表观黏度只是变形速率的函数,与时间无关。其实质是变形速率改变后,流体内部结构是瞬时完成的,并立即获得与变形速率相对应的切应力和表观黏度,显现不出来对时间的依赖性。而对于依时性非牛顿体则不然,变形速率一旦改变,与之相对应的结构调整缓慢,在结构调整的时段内,流体的流变性除取决于应变速率,还取决于时间的推移,直至新的平衡结构形成为止。旧结构破坏,新结构形成,这就是一个触变过程或反触变过程,两者速率相等,则达到一个新的动平衡,完成了一个触变过程或阶段[4]。

具有触变性的流体,当作用在它上面的切应力一定时,其表观黏度随切变时间延长而降低,切变速率表现为不断增加;或当作用其上的切变速率一定时,随着切变时间的延长,流体的表观黏度降低,表现为切应力的逐步变小。当这种流体在切变一段时间以后,除去外力,黏度又逐步恢复到原来值。

图 2 - 6 示出了牛顿体、宾汉体、触变性体的表观黏度与时间的关系曲线[5]。对牛顿体而言,只要切变速率小于层流变紊流的极限值,其表观黏度不随时间而变化,表现为一常数。对于宾汉体而言,只要作用的切应力超过流变极限值,在一定的切变速率下,一开始流动($t=0$),其表观黏度立即下降至一定值,而后不随时间发生变化,在 $t=t_1$ 时撤去切应力,流体表观黏度瞬间上升,并呈现固态的流变性,不随时间变化。对触变性体而言,在 $t=0$ 时施加一

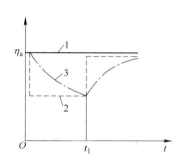

图 2 - 6　三种流体的表观黏度与
时间关系曲线
1—牛顿体;2—宾汉体;3—触变性体

切应力,使其切变速率不随时间而变化,则随时间推移,表观黏度按一定曲线下降,向某一值靠近。当在 $t=t_1$ 时撤去切应力,表观黏度又随时间延长而逐步上升,向某一值靠近。

2.1.4.2　震凝性流体

震凝性流体的流变特性与触变性流体相反,即流体在切变速率不变下流动,其表观黏度或切应力随切变时间的延长而增大;或当切变应力一定时,流体的表观黏度或切变速率随时间的延长而增加。

应该指出,凡触变体均可视为伪塑性体或宾汉体,但伪塑性体和宾汉体未必是触变体;同样,震凝体可视为胀流体,但胀流体未必是震凝体,关键在“依时”或“非依时”上。

2.1.5　虎克弹性体的弹性流动

2.1.5.1　虎克弹性体的弹性流动特征

弹性体指物体具有“这样”的流变特征,即向其施加一定载荷,在其中引起相应的应力,同时出现相应变形量,而当载荷撤去后,变形随即消失,且产生变形时储存能量,变形恢复时还原能量,物体具有弹性记忆效应。此种可逆变形称为弹性变形,而恢复自己原有形状的能力称为弹性,最普遍的弹性体称为虎克体(Hooke Body)。

2.1.5.2　虎克弹性体的弹性流动规则

按经典弹性理论,在极限应力范围内,各向同性的理想弹性固体(理想晶体)的变形为瞬时间发生的可逆变形。变形量一般很小,变形时无能量损耗,应力与应变呈线性关系,即虎克弹性定律,且应力与应变速率无关,可表述为:

$$\sigma = \begin{cases} E\varepsilon \\ G\gamma \end{cases} \qquad (2-12)$$

式中　ε, γ——拉伸变形和剪切变形,%;

　　　　E, G——杨氏模量和剪切模量,Pa;它们是不依赖于时间、变形量的材料
　　　　　　　常数。

E 与 G 的关系为:

$$E = 9KG/(3K + G) \qquad (2-13)$$

式中　K——体积弹性模量,Pa。

K 的物理意义在于,一切材料,不管是何种状态,在力 F 的作用下,其流变性能很大程度上与虎克弹性相似,可用式(2-14)表示:

$$-F = K\varepsilon_V \qquad (2-14)$$

式中　ε_V——材料受压后的体积应变,%。

对不可压缩材料而言,$K = \infty$,式(2-14)简化为:

$$E = 3G \qquad (2-15)$$

需要指出,只有变形即刻反映相对应的应力的流变性能才是虎克弹性体,并可用坐标曲线图表示(图2-7)[5]。图中 β 的余切即为 G、E 或 K。

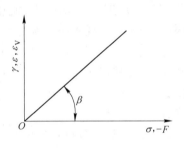

图 2-7　虎克弹性曲线图

2.1.6　圣维南塑性体的塑性流动

2.1.6.1　塑性体的塑性流动特征

圣维南体(Saint Venant Body)塑性流动的特征:(1)存在一个临界值 τ_s,即对材料施加的应力小于 τ_s,材料不发生流动,而当达到 τ_s,材料就出现不可逆流动,其 τ_s 称为屈服值。(2)积累性。即材料流动过程中其剪切应力不变,直至流动终止,最后获得一定的所需要的变形量,而这一变形量是塑性流动过程中逐渐积累的。(3)持续性。塑性流动是一个过程,过程意味着顺序性存在,亦即需要持续一段时间,以确保流动完成。与前面涉及的依时性相比,它不存在当外载荷去除后其有恢复功能。

2.1.6.2　塑性体的流动规律

圣维南体的流动规律:

当切变时 $\qquad\qquad \tau = \tau_{\mathrm{s}}$ (2-16)

当拉伸时 $\qquad\qquad \sigma = \sigma_{\mathrm{s}}$ (2-17)

式中 $\tau_{\mathrm{s}}, \sigma_{\mathrm{s}}$——屈服极限值,MPa。

2.1.7 简单的流变模型

2.1.7.1 牛顿体的机械模型

流变学中用黏壶(充满黏性液体的活塞缸,见图2-8a)作为牛顿体的机械模型[5],黏壶两端作用拉力 P_{N},模拟应力 τ 或 σ,活塞移动速度 Δl,模拟 $\dot{\gamma}$ 或 $\dot{\varepsilon}$,活塞移动过程中遇到的黏性阻力系数 η^{*} 模拟 η 或 λ,这种黏壶中活塞移动的速度服从式(2-18):

$$\Delta l = P_{\mathrm{N}} / \eta^{*} \qquad (2-18)$$

牛顿体机械模型通常采用图2-8b所示符号表示。

2.1.7.2 虎克弹性体的机械模型

虎克弹性体流变性能的机械模型常采用弹簧表示,如图2-9a所示[5]。其中 P_{H} 表示作用在弹簧的拉力 τ、σ 或 $-P$;弹簧的刚度为 E^{*},它模拟 G、E 或 K,弹簧的变形量 Δl 模拟应变 γ、ε 或 ε_{V}。机械模拟弹簧的变形与应力之间的关系式:

$$P_{\mathrm{H}} = E^{*} \Delta l \qquad (2-19)$$

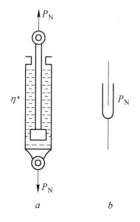
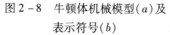
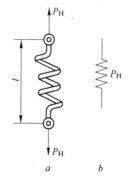

图2-8 牛顿体机械模型(a)及
表示符号(b)

图2-9 虎克体的机械模型(a)及
表示符号(b)

2.1.7.3 圣维南体的机械模型

圣维南体流变学的机械模型为干摩擦,如图2-10a所示[5]。载荷 P_{S} 模拟 τ

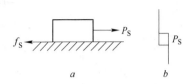

图 2 - 10　圣维南体机械模型(a)及
　　　　　表示符号(b)

或 σ,而在摩擦面上的摩擦力 f_S 则模拟圣维南体的屈服极限 τ_S 或 σ_S。当作用在物体上的 P_S 增大至等于 f_S 时,物体作等速运动,即认为产生塑性流动:

$$P_S = f_S \qquad (2-20)$$

通常,圣维南体机械模型采用图 2 - 10b 表示。

2.2　应力与应变理论

为了定量地分析合金材料加工过程中的流变行为,需要建立和求解描述这个过程的数学方程,如守恒方程和本构方程。这就需涉及连续介质力学有关理论。为此,真实物体所占空间可近似认为连续、无空隙地充满"质点"。质点所具有的宏观物理量(如质量、速度、压力和温度等)应遵循相应的物理定律,如守恒定律、热力学定律、传热传导及扩散、黏性等。所谓质点,是指微观上充分大、宏观上充分小的微团。微团的尺度和所研究对象的特征尺寸相比充分的小,小至微团的平均物理量可看作均匀不变,视微团为几何上的一个点。

2.2.1　应力

2.2.1.1　应力张量

物体在外力作用下将发生流变行为,同时为抵抗流变行为,物体内部单位面积上将产生响应力,称为内应力。外力可以是表面力,亦可以是体积力。通常情况下,体积力相对表面力是很小的,可以忽略。

A　坐标面上的应力

物体中一点在所有可能方向的应力全体,称为该点的应力状态,它可由同一点在 3 个相互垂直截面上的应力来描述,即该点任一截面上的应力均可通过上述 3 个应力共 9 个分量来表示:σ_{11}、σ_{12}、σ_{13}、σ_{21}、σ_{22}、σ_{23}、σ_{31}、σ_{32}、σ_{33},其中第 1 个下标表示与所作用的截面垂直的坐标轴,第 2 个下标表示应力在哪个坐标上的分解。用上述 9 个应力分量 σ_{ij} 可将该点任一方向截面的应力表示为(图 2 - 11):

$$\sigma_i = \sigma_{ij} n_j \quad (i,j=1,2,3) \qquad (2-21)$$

式中　σ_i——所考虑截面上的应力在坐标系中的分量;

　　　　n_j——所考虑截面法向的方向余弦。

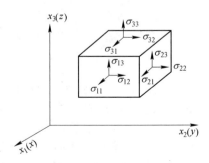

图 2 - 11　应力分量

组成矩阵 σ_{ij}，它亦是张量，即应力张量。

$$T_{\sigma} = \begin{bmatrix} \sigma_{11} & \sigma_{12} & \sigma_{13} \\ \sigma_{21} & \sigma_{22} & \sigma_{23} \\ \sigma_{31} & \sigma_{32} & \sigma_{33} \end{bmatrix} \qquad (2-22)$$

矩阵对角线元素 σ_{11}、σ_{22}、σ_{33} 称为正应力分量，而非对称元素称为切应力分量。

B 应力张量的表示

如前所述，一点应力状态可用 9 个应力分量表示。当选择不同坐标系时，点应力状态未变，但表示该点应力状态的 9 个分量将随着变化，并且呈线性关系变化。因此点的应力状态是一个二阶张量，称为应力张量，可用 T_{σ} 表示，参见式 (2-22)。

为了将它化为对角线形式，必须解特征方程：

$$\lambda^3 - \sigma^{\text{I}}\lambda^2 + \sigma^{\text{II}}\lambda - \sigma^{\text{III}} = 0$$

这个方程的根是应力张量的特征值，并称为主应力分量，且约定 $\sigma_1 \geqslant \sigma_2 \geqslant \sigma_3$。

在新坐标系中，应力张量为：

$$T_{\sigma} = \begin{bmatrix} \sigma_1 & 0 & 0 \\ 0 & \sigma_2 & 0 \\ 0 & 0 & \sigma_3 \end{bmatrix} \qquad (2-23)$$

这时，应力的切向分量为零。

特征方程系数形成一组不变量，即应力不变量：

$$\sigma^{\text{I}} = \sigma_{11} + \sigma_{22} + \sigma_{33} = \sigma_1 + \sigma_2 + \sigma_3 = 3\sigma_0 \qquad (2-24)$$

$$\sigma^{\text{II}} = \begin{vmatrix} \sigma_{11} & \sigma_{12} \\ \sigma_{21} & \sigma_{22} \end{vmatrix} + \begin{vmatrix} \sigma_{22} & \sigma_{23} \\ \sigma_{32} & \sigma_{33} \end{vmatrix} + \begin{vmatrix} \sigma_{33} & \sigma_{31} \\ \sigma_{13} & \sigma_{11} \end{vmatrix} = \sigma_1\sigma_2 + \sigma_2\sigma_3 + \sigma_3\sigma_1$$

$$\qquad (2-25)$$

$$\sigma^{\text{III}} = |\sigma_{ij}| = \sigma_1\sigma_2\sigma_3 \qquad (2-26)$$

上述公式表示不变量与坐标系选择无关。

C 应力偏量

应力张量可分解：

$$T_{\sigma} = \tau + \sigma_0 I$$

式中 τ——应力偏量（或偏应力张量）；

σ_0——平均应力，有文献亦写成 σ_m；

I——单位张量。

$$\sigma_0 = \frac{1}{3}(\sigma_{11} + \sigma_{22} + \sigma_{33}) \tag{2-27}$$

实际式(2-22)可作如下分解:

$$T_\sigma = \begin{bmatrix} \sigma_{11} & \sigma_{12} & \sigma_{13} \\ \sigma_{21} & \sigma_{22} & \sigma_{23} \\ \sigma_{31} & \sigma_{32} & \sigma_{33} \end{bmatrix} = \frac{\sigma_{11} + \sigma_{22} + \sigma_{33}}{3} \begin{bmatrix} 1 & 0 & 0 \\ 0 & 1 & 0 \\ 0 & 0 & 1 \end{bmatrix} +$$

$$\begin{bmatrix} \dfrac{2\sigma_{11} - (\sigma_{22} + \sigma_{33})}{3} & \sigma_{12} & \sigma_{13} \\ \sigma_{21} & \dfrac{2\sigma_{22} - (\sigma_{11} + \sigma_{33})}{3} & \sigma_{23} \\ \sigma_{31} & \sigma_{32} & \dfrac{2\sigma_{33} - (\sigma_{11} + \sigma_{22})}{3} \end{bmatrix}$$

$$= \sigma_0 \delta_{ij} + \tau_{ij} = \frac{T_\sigma}{3}\delta_{ij} + \tau_{ij} \tag{2-28}$$

式(2-28)中由分量 τ_{ij} 组成的应力张量 τ 称为应力偏量(或偏应力张量),其值等于全应力张量减去代表均载荷的张量(σ_0)。显然,全应力张量和它的应力偏量的剪切分量都是相等的,而应力偏量 τ_{ij} 的对角线分量定义成($\sigma_{ij} - \sigma_0$)。应力偏量的主要特征是它的第一不变量等于零。由于 $\sigma_{12} = \tau_{12}$、$\sigma_{13} = \tau_{13}$、$\sigma_{23} = \tau_{23}$,以及:

$$\left. \begin{aligned} \tau_{11} &= \frac{2\sigma_{11} - (\sigma_{22} + \sigma_{33})}{3} \\ \tau_{22} &= \frac{2\sigma_{22} - (\sigma_{33} + \sigma_{11})}{3} \\ \tau_{33} &= \frac{2\sigma_{33} - (\sigma_{11} + \sigma_{22})}{3} \end{aligned} \right\} \tag{2-29}$$

从而可得:

$$\tau_{11} + \tau_{22} + \tau_{33} = 0 \tag{2-30}$$

在流变理论中,应力偏量是最重要的部分,直接涉及物体的流动和形变。应力偏量和应力张量的主方向一致,可用主应力表示:

$$\left. \begin{aligned} \sigma^{\mathrm{I}'} &= 0 \\ \sigma^{\mathrm{II}'} &= \sqrt{\frac{1}{6}\left[(\sigma_1 - \sigma_2)^2 + (\sigma_2 - \sigma_3)^2 + (\sigma_3 - \sigma_1)^2\right]} \\ \sigma^{\mathrm{III}'} &= \sqrt{(\sigma_1 - \sigma_0)(\sigma_2 - \sigma_0)(\sigma_3 - \sigma_0)} \end{aligned} \right\} \tag{2-31}$$

应力偏量第二不变量 $\sigma^{\mathrm{II}'}$ 在流变理论中起着重要作用,它称之为等效应力或切应力强度:

$$T = + \sqrt{\sigma^{\text{II}'}} \qquad (2-32)$$

由于它重要,在任意正交坐标系 x_1、x_2、x_3 中有:

$$(\sigma^{\text{II}'})^2 = \frac{1}{6}\left[(\sigma_{x1} - \sigma_{x2})^2 + (\sigma_{x2} - \sigma_{x3})^2 + (\sigma_{x3} - \sigma_{x1})^2\right] +$$
$$\tau_{x_1x_2}^2 + \tau_{x_2x_3}^2 + \tau_{x_3x_1}^2 \qquad (2-33)$$

如果将同性压力 p 定义为:

$$-p = \frac{1}{3}(\sigma_{11} + \sigma_{22} + \sigma_{33}) = \sigma_0 = \sigma_m \qquad (2-34)$$

则应力偏量为:

$$\left.\begin{array}{l} \tau_{ij} = \sigma_{ij} + p\delta_{ij} \\ \tau = \sigma + p \end{array}\right\} \qquad (2-35)$$

D 应力张量的典型类别

(1)静态压缩。液体在充分长时间内处于静止状态,立方体任何面没有剪切应力,而只有主应力存在,其值等于静态压力 p,方向却相反,其应力张量为:

$$T_\sigma = \begin{bmatrix} \sigma_{11} & 0 & 0 \\ 0 & \sigma_{22} & 0 \\ 0 & 0 & \sigma_{33} \end{bmatrix} = \begin{bmatrix} -p & 0 & 0 \\ 0 & -p & 0 \\ 0 & 0 & -p \end{bmatrix} = -p\begin{bmatrix} 1 & 0 & 0 \\ 0 & 1 & 0 \\ 0 & 0 & 1 \end{bmatrix} = -p\delta_{ij} \quad (2-36)$$

即应力张量只有各向同性压力部分,应力偏量为零张量,任何静止平衡液体,或静止或流动的无黏流体均处于这种应力状态。

(2)单轴拉伸。物体元在单轴向拉伸时,应力张量可写成:

$$T_\sigma = \begin{bmatrix} \sigma_1 & 0 & 0 \\ 0 & 0 & 0 \\ 0 & 0 & 0 \end{bmatrix}$$

上式可分解为:

$$T_\sigma = \begin{bmatrix} \frac{\sigma_1}{3} & 0 & 0 \\ 0 & \frac{\sigma_1}{3} & 0 \\ 0 & 0 & \frac{\sigma_1}{3} \end{bmatrix} + \begin{bmatrix} \frac{2\sigma_1}{3} & 0 & 0 \\ 0 & -\frac{\sigma_1}{3} & 0 \\ 0 & 0 & -\frac{\sigma_1}{3} \end{bmatrix}$$

$$= \frac{\sigma_1}{3}\delta_{ij} + \frac{\sigma_1}{3}\begin{bmatrix} 2 & 0 & 0 \\ 0 & -1 & 0 \\ 0 & 0 & -1 \end{bmatrix} \qquad (2-37)$$

式(2-37)的物理意义在于:其表示在 σ_0 作用下的膨胀和三轴应力状态,故拉伸时 3 个方向均存在尺寸变化。

（3）简单剪切。简单剪切应力张量可写成：

$$T_\sigma = \begin{bmatrix} \sigma_{11} & \sigma_{12} & \sigma_{13} \\ \sigma_{21} & \sigma_{22} & \sigma_{23} \\ \sigma_{31} & \sigma_{32} & \sigma_{33} \end{bmatrix} = \sigma_0 \delta_{ij} + \begin{bmatrix} \sigma_{11} & \tau_{12} & 0 \\ \tau_{21} & \sigma_{22} & 0 \\ 0 & 0 & \sigma_{33} \end{bmatrix} \quad (2-38)$$

由此，偏应力张量只有一个独立分量——剪切应力分量 τ。它是牛顿流体简单剪切流场中的应力状态，只需要定义一个黏度函数，就可以描述其力学状态。对于塑性流体，只要定义一个剪切强度即可。

对于黏弹性流体，在剪切场中既有黏性流动，又有弹性形变，一般情况下，3个坐标系方向法向应力分量不相等，即 $\sigma_{11} \neq \sigma_{22} \neq \sigma_{33} \neq 0$，因此，偏应力张量中至少需要4个分力分量 σ_{12}、σ_{11}、σ_{22}、σ_{33} 才能描述其应力状态，即：

$$T_\sigma = \begin{bmatrix} \sigma_{11} & \tau_{12} & 0 \\ \tau_{21} & \sigma_{22} & 0 \\ 0 & 0 & \sigma_{33} \end{bmatrix} = -p \begin{bmatrix} 1 & 0 & 0 \\ 0 & 1 & 0 \\ 0 & 0 & 1 \end{bmatrix} + \begin{bmatrix} \sigma_{11}+p & \tau_{12} & 0 \\ \tau_{21} & \sigma_{22}+p & 0 \\ 0 & 0 & \sigma_{33}+p \end{bmatrix} \quad (2-39)$$

应该指出，应力偏量中法向应力分量值与各向同性压力（$-p$）大小有关，但同性压力大小又和应力偏量分解方法有关，如：

$$\begin{bmatrix} 3 & 1 & 0 \\ 1 & 1 & 0 \\ 0 & 0 & 2 \end{bmatrix} = \begin{bmatrix} 2 & 0 & 0 \\ 0 & 2 & 0 \\ 0 & 0 & 2 \end{bmatrix} + \begin{bmatrix} 1 & 1 & 0 \\ 1 & -1 & 0 \\ 0 & 0 & 0 \end{bmatrix}$$

或

$$\begin{bmatrix} 3 & 1 & 0 \\ 1 & 1 & 0 \\ 0 & 0 & 2 \end{bmatrix} = \begin{bmatrix} 1 & 0 & 0 \\ 0 & 1 & 0 \\ 0 & 0 & 1 \end{bmatrix} + \begin{bmatrix} 2 & 1 & 0 \\ 1 & 0 & 0 \\ 0 & 0 & 1 \end{bmatrix}$$

两种结果同性压力值不同，因而应力偏量中法向应力分量 σ_{ii} 值不同。但应力偏量两个法向应力分量差值 $\sigma_{11} - \sigma_{22}$、$\sigma_{22} - \sigma_{33}$ 始终不变。为此，可以定义两个法向应力差函数来描写材料弹性形变行为。

第一法向应力差函数：　　$N_1 = \sigma_{11} - \sigma_{22}$　　　　　(2-40)

第二法向应力差函数：　　$N_2 = \sigma_{22} - \sigma_{33}$　　　　　(2-41)

用 N_1、N_2 和黏度函数，就可以完整描写黏弹性流体的应力状态。

2.2.1.2　应力分析

A　斜截面上的应力

斜面上的应力 σ^n 可分解为正应力和切应力两项。金属压力加工时，通常在接触表面上作用压缩应力；在流体中，法向压应力作用在内部面元上。按符号规则，正应力应是负的。因为经常涉及负值不方便，在连续介质力学中便引入了正压力 p 的概念，它作用在面元上，并在压缩时取正值。正应力矢量表达式为：

$$P = -p\boldsymbol{n} \qquad\qquad (2-42)$$

式中　p——面元上的正压力；

　　　$\boldsymbol{n}$——该面法向单位矢量。

切应力矢量表示为：

$$\tau = \tau\boldsymbol{S} \qquad\qquad (2-43)$$

式中　τ——面上的切应力；

　　　$\boldsymbol{S}$——位于该面上的单位矢量。

因而,作用于面元的正压力和正应力绝对值相等,符号相反。

对于任何通过指定点的斜面,可以用下述形式写出正压力和切应力：

$$p = -(\sigma_1 n_1^2 + \sigma_2 n_2^2 + \sigma_3 n_3^2) \qquad\qquad (2-44)$$

$$\tau^2 = |\boldsymbol{\sigma}^n|^2 - p^2 = \sigma_1^2 n_1^2 + \sigma_2^2 n_2^2 + \sigma_3^2 n_3^2 \qquad\qquad (2-45)$$

现借助关系式 $n_1^2 + n_2^2 + n_3^2 = 1$,由式(2-45)中消去一个余弦值,例如 n_3,此后确定余弦 n_1 和 n_2,使切应力 τ 得到最大值：

$$\left.\begin{array}{l} \tau_{12} = \pm\dfrac{1}{2}(\sigma_1 - \sigma_2) \\[2mm] \tau_{23} = \pm\dfrac{1}{2}(\sigma_2 - \sigma_3) \\[2mm] \tau_{32} = \pm\dfrac{1}{2}(\sigma_3 - \sigma_1) \end{array}\right\} \qquad\qquad (2-46)$$

这表明,最大切应力作用在等分最大和最小主应力间夹角的平面上,且它等于这两个主应力差的一半。

在切应力值为式(2-46)的面上,也作用有正应力,按式(2-45),它等于相应主应力和的一半,即为 $\dfrac{1}{2}(\sigma_1 + \sigma_2)$、$\dfrac{1}{2}(\sigma_2 + \sigma_3)$、$\dfrac{1}{2}(\sigma_3 + \sigma_1)$。

由式(2-46)知,如果主应力值服从不等式 $\sigma_1 \geq \sigma_2 \geq \sigma_3$,则最大切应力等于 $0.5(\sigma_1 - \sigma_3)$,即为最大和最小主应力差的一半。

B　莫尔圆

莫尔(mohr)圆给出了点的三维应力状态的明显的二维图像概念。

按公式(2-44)和式(2-45),且 $n_1^2 + n_2^2 + n_3^2 = 1$。由这个方程组解出方向余弦的平方,则有：

$$\left.\begin{array}{l} n_1^2 = \dfrac{(p + \sigma_2)(\rho + \sigma_3) + \tau^2}{(\sigma_1 - \sigma_2)(\sigma_1 - \sigma_3)} \\[4mm] n_2^2 = \dfrac{(p + \sigma_3)(\rho + \sigma_1) + \tau^2}{(\sigma_2 - \sigma_3)(\sigma_2 - \sigma_1)} \\[4mm] n_3^2 = \dfrac{(p + \sigma_1)(\rho + \sigma_2) + \tau^2}{(\sigma_3 - \sigma_1)(\sigma_3 - \sigma_2)} \end{array}\right\} \qquad\qquad (2-47)$$

因为方程的左边是非负数,而应力张量的主分量满足条件 $\sigma_1 \geqslant \sigma_2 \geqslant \sigma_3$,所以满足下述关系式:

$$\left.\begin{array}{l}(p+\sigma_2)(p+\sigma_3)+\tau^2 \geqslant 0 \\ (p+\sigma_3)(p+\sigma_1)+\tau^2 \leqslant 0 \\ (p+\sigma_1)(p+\sigma_2)+\tau^2 \geqslant 0\end{array}\right\} \quad (2-48)$$

因此,应力 $-p$ 和 τ 应当位于几个半圆限定的域内(图 2 - 12 阴影部分)[6]。

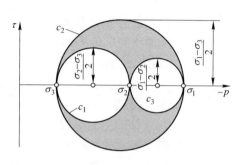

图 2 - 12　莫尔圆

2.2.2　连续介质的变形

连续介质中各点的位移可源自刚体平移、转动和变形[6]。物体变形由胀缩(体积变化)和变形(形状改变)组成。小变形属于弹性理论领域,大变形则在塑性力学和流体动力学中研究。本节导出的方程基本是几何方程,因而适用于各种类型的连续介质。

一点应变描述如下:

(1)应变张量。质点的应变张量与应力张量一样,由 9 个应变分量构成,且也是一个对称的二阶张量,具有应力张量的一切性质。

$$\varepsilon_{ij} = \begin{bmatrix} \varepsilon_{11} & \varepsilon_{21} & \varepsilon_{31} \\ \varepsilon_{21} & \varepsilon_{22} & \varepsilon_{23} \\ \varepsilon_{31} & \varepsilon_{32} & \varepsilon_{33} \end{bmatrix} \quad (2-49)$$

(2)主应变、应变张量不变量。通过某一点,存在有 3 个互相垂直的应变方向(主轴),在主方向上的线元,没有角度偏转,只有线应变,该线应变叫主应变,其应变张量为:

$$\varepsilon_{ij} = \begin{bmatrix} \varepsilon_{11} & 0 & 0 \\ 0 & \varepsilon_{22} & 0 \\ 0 & 0 & \varepsilon_{33} \end{bmatrix} \quad (2-50)$$

主应变可由应变张量的特征方程求得:

$$\lambda^3 - \varepsilon^{\mathrm{I}} \lambda^2 + \varepsilon^{\mathrm{II}} \lambda - \varepsilon^{\mathrm{III}} = 0$$

变形张量不变为:

$$\varepsilon^{\mathrm{I}} = \varepsilon_{11} + \varepsilon_{22} + \varepsilon_{33} = \varepsilon_1 + \varepsilon_2 + \varepsilon_3 = 3\varepsilon_0 \quad (2-51)$$

$$\varepsilon^{\mathrm{II}} = \begin{vmatrix} \varepsilon_{11} & \varepsilon_{12} \\ \varepsilon_{21} & \varepsilon_{22} \end{vmatrix} + \begin{vmatrix} \varepsilon_{22} & \varepsilon_{23} \\ \varepsilon_{32} & \varepsilon_{33} \end{vmatrix} + \begin{vmatrix} \varepsilon_{33} & \varepsilon_{31} \\ \varepsilon_{13} & \varepsilon_{11} \end{vmatrix} = \varepsilon_1\varepsilon_2 + \varepsilon_2\varepsilon_3 + \varepsilon_3\varepsilon_1 \quad (2-52)$$

$$\varepsilon^{\text{III}} = |\varepsilon_{ij}| = \varepsilon_1 \varepsilon_2 \varepsilon_3 \qquad (2-53)$$

一次不变量 ε^{I} 的物理意义:其值是变形介质体元的体积相对变化,可由式 (2-54)得出。

$$\varepsilon^{\text{I}} = \varepsilon_{11} + \varepsilon_{22} + \varepsilon_{33} = \frac{\partial u_1}{\partial x_1} + \frac{\partial u_2}{\partial x_2} + \frac{\partial u_3}{\partial x_3} = \text{div}\boldsymbol{u} \qquad (2-54)$$

式中 u_1, u_2, u_3——位移矢量 $\boldsymbol{u}$ 在 x_1、x_2、x_3 方向的位移分量。

(3)主应变分量。在与应变主轴方向呈 $\pm 45°$ 角的方向上,存在 3 对各自相互垂直的线元,其剪应变有极值,称主剪应变为:

$$\left.\begin{array}{l} \varepsilon_{12} = \gamma_{12} = \pm\dfrac{1}{2}(\varepsilon_1 - \varepsilon_2) \\[2mm] \varepsilon_{23} = \gamma_{23} = \pm\dfrac{1}{2}(\varepsilon_2 - \varepsilon_3) \\[2mm] \varepsilon_{31} = \gamma_{31} = \pm\dfrac{1}{2}(\varepsilon_3 - \varepsilon_1) \end{array}\right\} \qquad (2-55)$$

若 $\varepsilon_{11} \geqslant \varepsilon_{22} \geqslant \varepsilon_{33}$,则最大剪应变为:

$$\gamma_{\max} = \pm\frac{1}{2}(\varepsilon_1 - \varepsilon_3) \qquad (2-56)$$

(4)应变偏张量。应变偏张量 T_ε 可表示为:

$$T_\varepsilon = \begin{bmatrix} (\varepsilon_{11} - \varepsilon_0) & \varepsilon_{12} & \varepsilon_{13} \\ \varepsilon_{21} & (\varepsilon_{22} - \varepsilon_0) & \varepsilon_{23} \\ \varepsilon_{31} & \varepsilon_{32} & (\varepsilon_{33} - \varepsilon_0) \end{bmatrix} = \begin{bmatrix} (\varepsilon_1 - \varepsilon_m) & \gamma_{12} & \gamma_{13} \\ \gamma_{21} & (\varepsilon_2 - \varepsilon_m) & \gamma_{23} \\ \gamma_{31} & \gamma_{32} & (\varepsilon_3 - \varepsilon_m) \end{bmatrix}$$
$$= (\varepsilon_{ij} - \varepsilon_0 \delta_{ij}) + \varepsilon_0 \delta_{ij} \qquad (2-57)$$

式中 $\varepsilon_0, \varepsilon_m$——线应变平均值。

公式(2-57)把无限小体元的变形表示成两个变形叠加,第 1 个用偏张量描述,表示不改变体元体积情况下的形变,而第 2 个为球张量,表示体元的各项均匀拉伸和压缩。

同样,应变偏张量也存在 3 个不变量,若采用 e_{ij} 表示偏张量的分量,则有:

$$e_{ij} = \varepsilon_{ij} - \varepsilon_0 \delta_{ij}$$

特征方程为:$|e_{ij} - \lambda \delta_{ij}| = 0$ 或 $\lambda^3 + e^{\text{II}} - e^{\text{III}} = 0$

不变量为:

$$e^{\text{II}} = \begin{vmatrix} e_{11} & e_{12} \\ e_{21} & e_{22} \end{vmatrix} + \begin{vmatrix} e_{22} & e_{23} \\ e_{32} & e_{33} \end{vmatrix} + \begin{vmatrix} e_{33} & e_{31} \\ e_{13} & e_{11} \end{vmatrix} = -\frac{1}{2} e_{ij} e_{ij}$$
$$= \frac{1}{6}\left[(\varepsilon_{11} - \varepsilon_{22})^2 + (\varepsilon_{22} - \varepsilon_{33})^2 + (\varepsilon_{33} - \varepsilon_{11})^2 + 6(\varepsilon_{12}^2 + \varepsilon_{23}^2 + \varepsilon_{31}^2)^2\right] \quad (2-58)$$

$$e^{\text{III}} = |e_{ij}| \qquad (2-59)$$

引入量：

$$\Gamma = 2 \sqrt{|e^{II}|} = \sqrt{2e_{ij}e_{ij}}$$

称为切应变强度。　　　　　　　　　　　　　　　　　　　　　　　　(2-60)

(5) 几个特例[6]。

1) 简单拉伸(介质不可压缩，$\varepsilon_1 = \varepsilon$、$\varepsilon_2 = \varepsilon_3 = -\frac{1}{2}\varepsilon$)。

$$\varepsilon > 0$$

$$T_\varepsilon = \begin{bmatrix} \varepsilon & 0 & 0 \\ 0 & 0.5\varepsilon & 0 \\ 0 & 0 & 0.5\varepsilon \end{bmatrix}$$

$$\Gamma = \sqrt{3}\varepsilon$$

2) 简单压缩。介质是不可压缩的。

$$\varepsilon_1 = \varepsilon_2 = \frac{1}{2}\varepsilon, \varepsilon_1 = -\varepsilon, \varepsilon > 0$$

其偏张量为：

$$T_\varepsilon = \begin{bmatrix} 0.5\varepsilon & 0 & 0 \\ 0 & 0.5\varepsilon & 0 \\ 0 & 0 & -\varepsilon \end{bmatrix}$$

$$\Gamma = \sqrt{3}\varepsilon$$

3) 纯剪。其偏张量为：

$$T_\varepsilon = \begin{bmatrix} 0 & 0.5\gamma & 0 \\ 0.5\gamma & 0 & 0 \\ 0 & 0 & 0 \end{bmatrix}$$

$$\Gamma = \gamma$$

4) 平面变形。条件：$u_1 = u_1(x_1, x_2)$，$u_2 = u_2(x_1, x_2)$，$u_3 = 0$

$$T_\varepsilon = \begin{bmatrix} \varepsilon_{11} & \varepsilon_{12} & 0 \\ \varepsilon_{21} & \varepsilon_{22} & 0 \\ 0 & 0 & 0 \end{bmatrix}$$

对不可压缩介质有：

$$\Gamma = 2 \sqrt{\varepsilon_{11}^2 + \varepsilon_{22}^2}$$

5) 八面体应变及等效应变。如果以应变主轴为坐标轴，可作八面体，其平面法线方向的线元应变称八面体应变，即：

$$\varepsilon_8 = \frac{1}{3}(\varepsilon_{11} + \varepsilon_{22} + \varepsilon_{33}) = \varepsilon_0 \qquad (2-61)$$

八面体剪应变为：

$$\gamma_8 = \pm \frac{1}{3} \sqrt{(\varepsilon_{11} - \varepsilon_{22})^2 + (\varepsilon_{22} - \varepsilon_{33})^2 + (\varepsilon_{33} - \varepsilon_{11})^2} \qquad (2-62)$$

将八面体剪应变 γ_8 乘以 $\sqrt{2}$，称为等效应变，也称广义应变或应变强度。

$$\varepsilon_i = \sqrt{2}\gamma_8 = \frac{\sqrt{2}}{3}\sqrt{(\varepsilon_{11}-\varepsilon_{22})^2 + (\varepsilon_{22}-\varepsilon_{33})^2 + (\varepsilon_{33}-\varepsilon_{11})^2} \qquad (2-63)$$

6）两种物体不同状态形变比较。物体形变可视为物体在不同时刻,在空间占有不同位形的相互比较。若选定物体初始形状为参考位形,选取任一时刻位形与参考位形比较,其差异便是物体位形的变化量。但这一差异又是此一刻前的一系列时刻发生位形变化的总和。因此,物体位形连续变化的描述实际上就是物体流动的描述。由此看来,"流"是在系列时刻物体位形变化中,它是对物体形变过程的描述,而"变"是某一时刻的结果,这就是物体"流变"的全部涵义。由此出发,可以对固态和液态两种不同状态的物体的形变异同进行初步分析。

① 参考位形的选择。对固体,它有原始形状,一般取原始位形作为参考位形是合适的。而液体无原始形状,只能根据现在时刻占据的位形作为参考位形,反回去讨论以往时刻的变形。

② 固体变形可以是小变形（弹性变形）,也可以是大变形（塑性变形）。而液体变形,是一种与时间相关的大变形（有限变形）。

2.2.3 连续介质的流动

2.2.3.1 应变速率

在某一定点,物体流动速度由矢量 $\boldsymbol{v}$ 确定,该矢量平行于坐标轴 x_i 的分量为 v_i,如果 dt 是一个短的时间增量,在这个增量期间,速度可以被假设为保持不变的值,则位移由式（2-64）确定：

$$u_i = v_i dt \qquad (2-64)$$

或者

$$d\boldsymbol{u} = \boldsymbol{v}\,dt \qquad (2-65)$$

位移场 $d\boldsymbol{u} = (du_i)$ 对应于具有下述分量的应变张量场：

$$d\varepsilon_{ij} = \frac{1}{2}\left[\frac{\partial(dv_i)}{\partial x_j} + \frac{\partial(dv_j)}{\partial x_i}\right]$$

将分量 $d\varepsilon_{ij}$ 除以时间增量 dt,并趋向零,有：

$$\frac{d\varepsilon_{ij}}{dt} = \frac{1}{2}\left[\frac{\partial\left(\frac{du_i}{dt}\right)}{\partial x_j} + \frac{\partial\left(\frac{du_j}{dt}\right)}{\partial x_i}\right] = \frac{1}{2}\left(\frac{\partial v_i}{x_j} + \frac{\partial v_j}{x_i}\right) = \zeta_{ij} \qquad (2-66)$$

式（2-66）称应变速率,或速度梯度 (∇v)。

2.2.3.2 应变速率张量

对称张量

$$T_\zeta = [\zeta_{ij}] \qquad (2-67)$$

称为应变速率张量,其表示方法还有 $\dot{\gamma}$、$\dot{\gamma}_{ij}$、Δ、Δ_{ij} 等,式（2-67）还可以

写成：

$$T_\zeta = \begin{bmatrix} \zeta_{11} & \zeta_{12} & \zeta_{13} \\ \zeta_{21} & \zeta_{22} & \zeta_{23} \\ \zeta_{31} & \zeta_{32} & \zeta_{33} \end{bmatrix} = \begin{bmatrix} 2\dfrac{\partial v_1}{\partial x_1} & \left(\dfrac{\partial v_1}{\partial x_2}+\dfrac{\partial v_2}{\partial x_1}\right) & \left(\dfrac{\partial v_1}{\partial x_3}+\dfrac{\partial v_3}{\partial x_1}\right) \\ \left(\dfrac{\partial v_2}{\partial x_1}+\dfrac{\partial v_1}{\partial x_2}\right) & 2\dfrac{\partial v_2}{\partial x_2} & \left(\dfrac{\partial v_2}{\partial x_3}+\dfrac{\partial v_3}{\partial x_2}\right) \\ \left(\dfrac{\partial v_3}{\partial x_1}+\dfrac{\partial v_1}{\partial x_3}\right) & \left(\dfrac{\partial v_3}{\partial x_2}+\dfrac{\partial v_2}{\partial x_3}\right) & 2\dfrac{\partial v_3}{\partial x_3} \end{bmatrix} \quad (2-68)$$

A　主应变速率

通过旋转坐标轴，应变速率对称张量 T_ζ 可以化为对角线形式，即

$$T_\zeta = \begin{bmatrix} \zeta_{11} & 0 & 0 \\ 0 & \zeta_{22} & 0 \\ 0 & 0 & \zeta_{33} \end{bmatrix} \quad (2-69)$$

且主应变速率分量满足 $\zeta_1 \geqslant \zeta_2 \geqslant \zeta_3$。在新坐标系中，张量非主对角线分量等于零，仅仅在坐标轴方向的线应变速率不为零。

应变速率主分量是特征方程，有：

$$\lambda^3 - \zeta^{\mathrm{I}}\lambda^2 + \zeta^{\mathrm{II}}\lambda - \zeta^{\mathrm{III}} = 0 \quad (2-70)$$

应变速率张量不变量为：

$$\zeta^{\mathrm{I}} = \zeta_{11} + \zeta_{22} + \zeta_{33} = \zeta_1 + \zeta_2 + \zeta_3 = 3\zeta_0 \quad (2-71)$$

或者

$$\zeta^{\mathrm{I}} = \frac{\partial v_1}{\partial x_1} + \frac{\partial v_2}{\partial x_2} + \frac{\partial v_3}{\partial x_3} = \operatorname{div}\boldsymbol{v} \quad (2-72)$$

式(2-72)表示介质体元体积相对变化速度。

$$\zeta^{\mathrm{II}} = \begin{vmatrix} \zeta_{11} & \zeta_{12} \\ \zeta_{21} & \zeta_{22} \end{vmatrix} + \begin{vmatrix} \zeta_{22} & \zeta_{23} \\ \zeta_{32} & \zeta_{33} \end{vmatrix} + \begin{vmatrix} \zeta_{33} & \zeta_{31} \\ \zeta_{13} & \zeta_{11} \end{vmatrix} = \zeta_1\zeta_2 + \zeta_2\zeta_3 + \zeta_3\zeta_1 \quad (2-73)$$

$$\zeta^{\mathrm{III}} = |\zeta_{ij}| = \zeta_1\zeta_2\zeta_3 \quad (2-74)$$

B　应变速率偏张量

应变速率张量又可以表示为偏张量 D_ζ 和球张量 ζ_0 之和，即：

$$T_\zeta = D_\zeta + \zeta_0\delta_{ij} \quad (2-75)$$

式中

$$\zeta_0 = \frac{1}{3}\zeta_{ij} = \frac{1}{3}(\zeta_{11} + \zeta_{22} + \zeta_{33})$$

或

$$[\zeta_{ij}] = [\zeta_{ij} - \zeta_0\delta_{ij}] + \zeta_0[\delta_{ij}] \quad (2-76)$$

根据定义，偏张量 D_ζ 一次不变量等于零，因此偏张量只说明介质体元的形状变化率，与体积变化无关。

采用 η_{ij} 表示偏张量分量,有 $\eta_{ij}=\zeta_{ij}-\zeta_0\delta_{ij}$,其张量主方向与应变速率主方向一致。

特征方程为:

$$|\eta_{ij}-\lambda\delta_{ij}|=0$$

或

$$\lambda^3+\eta^{\mathrm{II}}\lambda-\eta^{\mathrm{III}}=0 \tag{2-77}$$

$$\left.\begin{aligned}
\eta^{\mathrm{I}} &= 0 \\
\eta^{\mathrm{II}} &= \begin{vmatrix} \eta_{11} & \eta_{12} \\ \eta_{21} & \eta_{22} \end{vmatrix} + \begin{vmatrix} \eta_{22} & \eta_{23} \\ \eta_{32} & \eta_{33} \end{vmatrix} + \begin{vmatrix} \eta_{33} & \eta_{31} \\ \eta_{13} & \eta_{11} \end{vmatrix} = -\frac{1}{2}\eta_{ij}\eta_{ij} \\
&= \frac{1}{6}\left[(\eta_{11}-\eta_{22})^2+(\eta_{22}-\eta_{33})^2+(\eta_{33}-\eta_{11})^2+6(\eta_{12}^2+\eta_{23}^2+\eta_{31}^2)^2\right] \\
\eta^{\mathrm{III}} &= |\eta_{ij}|
\end{aligned}\right\} \tag{2-78}$$

引入式(2-79)所示量[6]

$$H=+2\sqrt{|\eta^{\mathrm{II}}|}=+\sqrt{2\eta_{ij}\eta_{ij}} \tag{2-79}$$

式(2-79)称为切应变强度。

C 几种特例

(1)简单拉伸:介质不可压缩,$\zeta_2=\zeta_3=\frac{1}{2}\zeta$、$\zeta_1=\zeta$、$\zeta>0$,则:

$$T_\zeta=\begin{bmatrix} \zeta & 0 & 0 \\ 0 & -\frac{1}{2}\zeta & 0 \\ 0 & 0 & -\frac{1}{2}\zeta \end{bmatrix}$$

$$H=\sqrt{3}\zeta$$

(2)简单压缩:介质不可压缩,$\zeta_2=\zeta_3=\frac{1}{2}\zeta$、$\zeta_1=-\zeta$、$\zeta>0$,则

$$T_\zeta=\begin{bmatrix} \frac{1}{2}\zeta & 0 & 0 \\ 0 & \frac{1}{2}\zeta & 0 \\ 0 & 0 & -\zeta \end{bmatrix}$$

$$H=\sqrt{3}\zeta$$

(3)纯剪:

$$T_\zeta = \begin{bmatrix} 0 & \dfrac{1}{2}\zeta & 0 \\[2mm] \dfrac{1}{2}\zeta & 0 & 0 \\[2mm] 0 & 0 & 0 \end{bmatrix}$$

$$H = |\eta|$$

(4)平面流动: $v_1 = v_1(x_1, x_2)$, $v_2 = v_2(x_1, x_2)$, $v_3 = 0$

$$T_\zeta = \begin{bmatrix} \zeta_{11} & \zeta_{12} & 0 \\ \zeta_{21} & \zeta_{22} & 0 \\ 0 & 0 & 0 \end{bmatrix}$$

对不可压缩介质: $H = 2\sqrt{\zeta_{11}^2 + \zeta_{12}^2}$

2.3　基本方程

2.3.1　连续性方程——质量守恒定律

依据质量守恒定律[7]可推出连续方程:

$$\frac{\partial \rho}{\partial t} + \frac{\partial(\rho v_x)}{\partial x} + \frac{\partial(\rho v_y)}{\partial y} + \frac{\partial(\rho v_z)}{\partial z} = 0 \qquad (2-80a)$$

或写成:

$$\frac{\partial \rho}{\partial t} + \nabla \cdot (\rho v) = 0 \qquad (2-80b)$$

式中,∇是哈密顿算子,它与 ρv 的"点积"为物体的质量散度,反映了流动场中某一瞬间区的流量发散程度。

如将式(2-80a)展开,整理后得:

$$\frac{\partial \rho}{\partial t} + v_x \frac{\partial \rho}{\partial x} + v_y \frac{\partial \rho}{\partial y} + v_z \frac{\partial \rho}{\partial z} = -\rho\left(\frac{\partial v_x}{\partial x} + \frac{\partial v_y}{\partial y} + \frac{\partial v_z}{\partial z}\right)$$

上式左边 4 项为密度 ρ 的物质导数,用 $\dfrac{D\rho}{Dt}$ 表示,则有:

$$\frac{D\rho}{Dt} + \rho \nabla \cdot v = 0 \qquad (2-81)$$

式中, $\dfrac{D\rho}{Dt}$ 称为 ρ 对时间 t 求物质导数,它是由局部导数 $\left(\dfrac{\partial \rho}{\partial t}\right)$ 和对流导数 $\left(v_x \dfrac{\partial \rho}{\partial x} + v_y \dfrac{\partial \rho}{\partial y} + v_z \dfrac{\partial \rho}{\partial z}\right)$ 所组成的。

对于稳态流动,即流动状态不随时间而变化,$\frac{\partial \rho}{\partial t} = 0$,于是连续性方程(2－80b)变成:

$$\nabla \cdot (\rho v) = 0 \quad \text{或} \quad \frac{\partial(\rho v_x)}{\partial x} + \frac{\partial(\rho v_y)}{\partial y} + \frac{\partial(\rho v_z)}{\partial z} = 0 \quad (2-82)$$

此式说明单位体积流进和流出相等。

对于不可压缩物体,即质点的密度在运动过程中不变的物体,$\frac{D\rho}{Dt} = 0$,于是式(2－81)得出不可压缩物体的连续性方程为:

$$\nabla \cdot v = 0 \quad \text{或} \quad \frac{\partial v_x}{\partial x} + \frac{\partial v_y}{\partial y} + \frac{\partial v_z}{\partial z} = 0 \quad (2-83)$$

此外,出于描述问题的方便还采用柱坐标和球坐标。在柱坐标系(r,θ,z)中的连续性方程为:

$$\frac{\partial \rho}{\partial t} + \frac{1}{r}\frac{\partial}{\partial r}(\rho r v_r) + \frac{1}{r}\frac{\partial}{\partial \theta}(\rho v_\theta) + \frac{\partial}{\partial z}(\rho v_z) = 0 \quad (2-84)$$

在球坐标系(r,θ,φ)中的连续性方程为:

$$\frac{\partial \rho}{\partial t} + \frac{1}{r^2}\frac{\partial}{\partial r}(\rho r^2 v_r) + \frac{1}{r\sin\theta}\frac{\partial}{\partial \theta}(\rho v_\theta \sin\theta) + \frac{1}{r\sin\theta}\frac{\partial}{\partial \varphi}(\rho v_\varphi) = 0 \quad (2-85)$$

任何连续介质的连续运动都必须首先满足相应的连续性方程,所以连续性方程是物体流动最基本的方程之一。

2.3.2 动量方程——动量守恒定律

根据力与动量变化率之间的平衡[7],可得动量方程在x_1轴、x_2轴和x_3轴方向的分量为:

$$\rho\frac{Dv_1}{\partial t} = \rho g_1 + \frac{\partial \sigma_{11}}{\partial x_1} + \frac{\partial \sigma_{22}}{\partial x_2} + \frac{\partial \sigma_{33}}{\partial x_3}$$

$$\rho\frac{Dv_2}{\partial t} = \rho g_2 + \frac{\partial \sigma_{11}}{\partial x_1} + \frac{\partial \sigma_{22}}{\partial x_2} + \frac{\partial \sigma_{33}}{\partial x_3}$$

$$\rho\frac{Dv_3}{\partial t} = \rho g_3 + \frac{\partial \sigma_{11}}{\partial x_1} + \frac{\partial \sigma_{22}}{\partial x_2} + \frac{\partial \sigma_{33}}{\partial x_3}$$

用张量表示上面3式,则动量方程为:

$$\rho\left(\frac{Dv_i}{Dt}\right) = \rho g_i + \frac{\partial \sigma_{ji}}{\partial x_j} \quad \text{或} \quad \rho\frac{Dv}{Dt} = \rho g + [\nabla \cdot v] \quad (2-86)$$

式中 $\rho\frac{Dv}{Dt}$——单位体积上惯性力;

ρg——单位体积上质量力;

$\nabla \cdot v$——单位体积上应力张量散度。

对于金属熔体,ρg 比作用在熔体上的其他力小很多,可以忽略。再假设熔体为不可压缩的,能使动量方程进一步简化,可用来求解流动问题。

2.3.3　能量方程——能量守恒定律

根据能量守恒原理[7],在固定体积中总能量的变化率等于进入该体积的总能量的净流量、热流的净流量和对该体积所作功的功率之和。

为了推导能量方程,考虑流体中边长为 dx_1、dx_2、dx_3 的六面体元的能量守恒。

(1)进入体元的净总能量是这两者之差,可表示为:

$$-\frac{\partial(E_t\rho v_1)}{\partial x_1}dx_1(dx_2 dx_3)$$

$$-\frac{\partial(E_t\rho v_2)}{\partial x_2}dx_2(dx_1 dx_3)$$

$$-\frac{\partial(E_t\rho v_3)}{\partial x_3}dx_3(dx_1 dx_2)$$

式中　E_t——单位体积流动的总能量,J。

将上 3 式相加,除以 $dx_1 dx_2 dx_3$,则得进入单位体积的总量,以矢量表示,则为 $-\nabla \cdot (E_t \rho v)$。

(2)进入体元净热量为:

$$-\frac{\partial q_{x_1}}{\partial x_1}dx_1(dx_2 dx_3)$$

$$-\frac{\partial q_{x_2}}{\partial x_2}dx_2(dx_1 dx_3)$$

$$-\frac{\partial q_{x_3}}{\partial x_3}dx_3(dx_1 dx_2)$$

式中　q——热通量,$J/(m^2 \cdot s)$。

将上三式相加,除以 $dx_1 dx_2 dx_3$,则得单位体积流体所吸收热量,以矢量表之,则为 $-\nabla \cdot q$。

(3)物体黏性力所作的功。设体元的面力为 σ_{ij},单位时间内作的功为(力)×(力方向的速度),即 $\sigma_{ij} \cdot v_j$。作体元的功衡算,则净功为:

$$\frac{\partial}{\partial x_1}(\sigma_{11}v_1 + \sigma_{12}v_2 + \sigma_{13}v_3)dx_1(dx_2 dx_3)$$

$$\frac{\partial}{\partial x_2}(\sigma_{21}v_1 + \sigma_{22}v_2 + \sigma_{23}v_3)dx_2(dx_1 dx_3)$$

$$\frac{\partial}{\partial x_3}(\sigma_{31}v_1 + \sigma_{32}v_2 + \sigma_{33}v_3)\,\mathrm{d}x_3(\,\mathrm{d}x_1\mathrm{d}x_3\,)$$

将上 3 式相加,除以 $\mathrm{d}x_1\mathrm{d}x_2\mathrm{d}x_3$,则得对单位体积所作的功,即 $\nabla\cdot(\sigma\cdot v)$。

另外,总能量在单位时间、单位体积内的增加速率为 $\frac{\partial}{\partial t}(\rho E_t)$。根据能量守恒原理,则得[9]:

$$\frac{\partial(\rho E_t)}{\partial t} = -\nabla\cdot(E_t\rho v) + \nabla\cdot(\sigma\cdot v) - (\nabla\cdot q) \qquad (2-87)$$

此式就是能量方程。通过进一步整理,可得用内能(U)表示的能量方程:

$$\rho\left(\frac{\mathrm{D}U}{\mathrm{D}t}\right) = -(\nabla\cdot q) + (\tau:\nabla v) - p(\nabla\cdot v) \qquad (2-88)$$

式中　　$(\tau:\nabla v)$——物体的黏性在单位时间内所耗散的能量;

　　　　$-p$——静压力。

采用物体的温度(T)和热容(C_v)表示内能,则能量方程为:

$$\rho C_v\left(\frac{\mathrm{D}T}{\mathrm{D}t}\right) = -(\nabla\cdot q) - T\left(\frac{\partial p}{\partial T}\right)_p(\nabla\cdot v) + (\tau:\nabla v) \qquad (2-89)$$

这是最常用的能量方程形式之一。对可压缩物体,$\nabla\cdot v$ 是很重要的;但对金属熔体,如果假设为不可压缩,则 $\nabla\cdot v = 0$,因此能量方程也可简化为一个非常简明的表达式。

2.3.4　热力学方程

2.3.4.1　不平衡过程的热力学

不可逆过程热力学[6]基于某些假设。

(1)热力学平衡过程的关系,仅仅对某一局域而言是适用的,称为局域平衡状态原理。对于平衡过程:

$$T\mathrm{d}S = \mathrm{d}E + \delta A \qquad (2-90)$$

对于不平衡过程:

$$T\mathrm{d}S > \mathrm{d}E + \delta A \qquad (2-91)$$

式中　　T——热力学温度,K;

　　　　$\mathrm{d}S$——微熵,J/(mol·K);

　　　　δA——微功,J/mol;

　　　　$\mathrm{d}E$——微内能,J/mol。

(2)在每一局域内,内能和熵像平衡态一样,只取决于热力学参数,并由此依赖于时间和坐标。

(3)在所研究的介质内速度、温度、应力梯度足够小。

(4)已知物体变形、能和熵的全部变化乃是单个体元这些参数变化的叠加。

2.3.4.2　唯象方程

连续介质发生的许多不可逆过程可用原因和结果之间的线性关系表示。例如,热流和温度梯度成正比的热传导定律($q = -K\mathrm{grad}\theta, K > 0$),混合物组元流和浓度梯度成正比的扩散定律($j = -D\mathrm{grad}c, D > 0$)等。

在关于上述现象的热力学性质中,把引起不可逆现象的"因"称之为"力"。并通过 $X_i(i = 1,2,3\cdots)$ 来表示,而由 X_i 引起的不可逆现象的"果"为"流"。如温度梯度为"力",热流为"流";浓度梯度为"力",扩散流为"流"等。

由此,完全可以获得"力"和"流"的唯象方程式[8],即:

$$J_j = \sum_j L_{ij} X_j \tag{2-92}$$

式中　L_{ij}——转移系数。

式(2-92)表明,不可逆流是热力学力的线性函数。

2.4　本构方程

反映材料宏观属性的力学响应规律的数学模型称本构关系。若把这一关系采用具体数学关系式进行表达,便称为本构方程(Constitutive Equation)。本构方程的建立必须遵循以下原理:(1)确定性原理,即应力应是全部形变的一个泛函;(2)局部作用原理,即材料内某一点、在某一时刻的应力状态,仅由该点周围无限小邻域的变形历史单值地确定;(3)客观性原理,即建立的本构方程与坐标系选择无关。

2.4.1　牛顿流体的本构方程

假设流体各向同性,其牛顿流体本构方程又可表达为[7]:

$$\sigma_{ij} = -P\delta_{ij} + \eta\ \dot{\gamma}_{ij} + \left(k - \frac{2}{3}\eta_0\right)(\nabla \cdot v)\delta_{ij} \tag{2-93}$$

式中　k——体积黏度,Pa·s;

η_0——牛顿黏度,Pa·s;

δ_{ij}——张量符号,$i = j$ 时,$\delta_{ij} = 1$,$i \neq j$,$\delta_{ij} = 0$;

P——静水压力,MPa;

$\nabla \cdot v$——速度梯度,s^{-1};

$\dot{\gamma}_{ij}$——变形速度张量,s^{-1}。

如将偏应力张量 $\tau_{ij} = \sigma_{ij} + P\delta_{ij}$ 代入上式,有:

$$\tau_{ij} = \eta_0\ \dot{\gamma}_{ij} + \left(k - \frac{2}{3}\eta_0\right)(\nabla \cdot v)\delta_{ij} \tag{2-94}$$

对于不可压缩流体,简化为:

$$\tau_{ij} = \eta_0\,\dot{\gamma}_{ij} \tag{2-95}$$

如果 $i = x_1$、$j = x_2$，上式可写成：

$$\tau_{21} = \eta_0\,\dot{\gamma}_{21} = \eta_0\left(\frac{\partial v_2}{\partial x_1} + \frac{\partial v_1}{\partial x_2}\right) \tag{2-96}$$

如果 $v_2 = 0$，上式又可写成：

$$\tau_{21} = \eta_0\,\frac{\partial v_1}{\partial x_2} \tag{2-97}$$

而

$$v_1 = \frac{\partial x_1}{\partial t}$$

则：

$$\tau_{21} = \eta_0\,\frac{\partial}{\partial x_2}\left(\frac{\partial x_1}{\partial t}\right) = \eta_0\,\frac{\partial}{\partial t}\left(\frac{\partial x_1}{\partial x_2}\right) = \eta_0\,\frac{\partial \gamma}{\partial t} = \eta_0\,\dot{\gamma} \tag{2-98}$$

2.4.2 广义牛顿流体的本构方程

非牛顿型流体本构方程可以表达为：

$$\tau_{ij} = \eta_a\,\dot{\gamma}_{ij} \tag{2-99}$$

式中　η_a——表观黏度，Pa·s；

　　　$\dot{\gamma}_{ij}$——剪切速率张量，s^{-1}。

下面介绍几个经验表达式。

（1）Ostwald – de Wale 幂律方程[1]。通常加工过程的剪切速率范围内（大约 $\dot{\gamma} = 10^{-1} \sim 10\mathrm{s}^{-1}$），剪切应力与剪切速率满足如下经验公式：

$$\left.\begin{aligned}
\sigma &= K \cdot \dot{\gamma}^{\,n} \\
\eta_a &= \frac{\sigma}{\dot{\gamma}} = K \cdot \dot{\gamma}^{\,n-1}
\end{aligned}\right\} \tag{2-100}$$

式中　K——稠度系数，Pa·s；

　　　n——幂律指数。

可得幂律本构方程为：

$$\tau = K\left(\sqrt{\frac{1}{2}\xi^{\mathrm{II}}}\right)^{n-1} \cdot \dot{\gamma} \tag{2-101}$$

式中　ξ^{II}——变形速率张量第二不变量[3]。

这是两参数本构方程，稠度系数 K 表示在 $\dot{\gamma} = 1\mathrm{s}^{-1}$ 时的黏度，它又是温度的函数，服从式（2-102）：

$$K = K_0 \exp\left[\frac{\Delta E_r}{R}\left(\frac{1}{T} - \frac{1}{T_0}\right)\right] \tag{2-102}$$

式中　K_0——T_0 温度下的 K 值；

　　ΔE_r——恒定剪切应力下的流动活化能。

幂律指数 n：对于牛顿型流体，$n = 1(K = \eta_0)$；对于伪塑性流体 $n < 1$，大多数半固态合金为伪塑性，其 n 值在 0.2 ~ 0.7。

(2)Carreau 方程[1]。式(2 – 102)是一个纯粹经验方程，它既不能反映高剪切速率下材料的伪塑性行为，又不能反映低剪切速率下出现的牛顿性流动行为，为此 Carreau 提出如下公式：

$$\eta_a = \frac{a}{(1 + b\,\dot{\gamma}\,)^c} \qquad (2 - 103)$$

式中　a, b, c——待定参数，通过试验曲线确定[1]。

(3)Herschel – Bulkley 模型[1]。该模型成功描述了具有触变强度的半固态合金的流动特性，它是简单的宾汉模型与幂律相结合的模型：

$$\tau - \tau_y = K\,\dot{\gamma}^{\,n} \qquad (2 - 104)$$

式中　τ_y——触变强度，MPa。

2.4.3　塑性体的流动方程

(1)各向同性介质的塑性开始条件。前面已经确定，在单向应力状态下，当达到流动极限(即 $\tau = \tau_s$ 或 $\sigma = \sigma_s$)，金属处于塑性流动状态，但在一般情况下，塑性条件可为：

$$f(\sigma_{ij}) = K, K = 常数 \qquad (2 - 105)$$

式中　σ_{ij}——应力张量分量；

　　K——与流动极限有关的常数。

(2)最大切应力不变条件。

$$\left.\begin{array}{l} 2|\tau_1| = |\sigma_2 - \sigma_3| \leqslant \sigma_s \\ 2|\tau_2| = |\sigma_3 - \sigma_1| \leqslant \sigma_s \\ 2|\tau_3| = |\sigma_1 - \sigma_2| \leqslant \sigma_s \end{array}\right\} \qquad (2 - 106)$$

式中　τ_1, τ_2, τ_3——最大剪应力，作用在与主平面倾斜成 $\pi/4$ 的平面上。

(3)切应力强度不变条件。

$$(\sigma_1 - \sigma_2)^2 + (\sigma_2 - \sigma_3)^2 + (\sigma_3 - \sigma_1)^2 = 2\sigma_s^2 \qquad (2 - 107)$$

因为切应力强度：

$$T = \sqrt{\frac{1}{6}\left[(\sigma_1 - \sigma_2)^2 + (\sigma_2 - \sigma_3)^2 + (\sigma_3 - \sigma_1)^2\right]} \qquad (2 - 108)$$

式(2 – 104)和式(2 – 105)合并成：

$$T = \frac{\sigma_s}{\sqrt{3}} = 常数 \qquad (2 - 109)$$

式(2-109)为切应力强度不变条件。

将拉伸时 σ_s 与纯剪时 τ_s 比较,有

$$\tau_s = \frac{\sigma_s}{\sqrt{3}} = 0.577\sigma_s \qquad (2-110)$$

参 考 文 献

[1] 吴其晔,巫静安. 高分子材料流变学[M]. 北京:高等教育出版社,2002.

[2] 沈忠棠,刘鹤年. 非牛顿流体力学及其应用[M]. 北京:高等教育出版社,1989.

[3] 袁龙蔚. 流体力学[M]. 北京:科学出版社,1986.

[4] 杨湘杰. 半固态合金(A356)触变成形流变特性及其浇道系统的研究[M]. 上海:上海大学出版社,1999.

[5] 林柏年. 铸造流变学[M]. 哈尔滨:哈尔滨工业大学出版社,1991.

[6] Г. Я. 古恩. 金属压力加工理论基础[M]. 赵志业,王国栋译. 北京:冶金工业出版社,1989.

[7] 林师沛,赵洪,刘芳. 塑料加工流变学及其应用[M]. 北京:国防工业出版社,2008.

3 合金加工微观(组织)流变学

3.1 液态合金充填下的微观流变行为

3.1.1 液态合金的结构

(1)液体和固体差别[1]。液体介于气体和固体之间,大量实验数据表明,它更像固体,特别在接近熔点附近更是如此。但某些方面还存在很大差别,例如,液体合金溶质扩散系数 D_L 通常为 $10^{-5}cm^2 \cdot s^{-1}$ 数量级,而固体合金溶质扩散系数为 $10^{-2}cm^2 \cdot s^{-1}$ 数量级,相差 1000 倍。扩散系数的差别反映了扩散激活能的差别,液态合金扩散激活能小于固态合金,即原子之间的能垒比较小。这充分说明液态原子有比较高的势能。

(2)液体结构的衍射研究。采用衍射法测得的液态金属及固态金属结构对比如表 3 – 1 所示[1]。

表 3 – 1　用衍射法测得的液态金属及固态金属结构数据

金 属 名 称	液　　态		固　　态	
	原子间距/nm	配位数	原子间距/nm	配位数
铝	0.296	10 ~ 11	0.286	12
锌	0.294	11	0.265 0.294	6 6
镉	0.306	8	0.297 0.330	6 6
金	0.286	11	0.288	12

大体可以认为:1)液体中原子的平均间距比固体大;2)液体中的配位数比固体小,通常在 8 ~ 11 范围内。

(3)实际合金液体结构。液体合金结构与其熔化前的固态有关。在固态时原子排列致密的合金,熔化后仍能牢固地保持着它的组织状态,一直到很高温度才消失。一般来说,熔化后原来固体晶界部分及加工变形部分均处于高势能状态,加热熔化时,最早失去原来的结晶特性而进入紊乱的运动状态。而晶粒中心由于规则排列性强,熔化后至完全消失结晶特性有一个过程,只在较高的温度下,才有可能消除其结晶特性。

3.1.2 液态合金的流变特性

在通常情况下,固态合金与液态合金在外观上的差别在于当经受外力,哪怕是很小的外力,均能使液体改变形状而产生流动,而固体由于剪切应力产生弹性变形,当外力消除后,变形随之消失。因此,我们说液体可以流动,而固体不能流动,就是基于此而得出的结论。若以动力黏度系数(η)的倒数($1/\eta$)表示流动性 Φ,则从液体转变成固体时,其流动性有一个突变,如图 3−1 所示。其机制是液体存在空穴和裂缝。其空穴数量以及局部结合

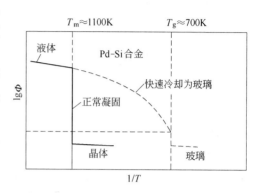

图 3−1 20% Pd−Si 合金的两种可能凝固行为

键的破坏而形成的裂缝数量,在固液转换时将明显增加,势必削弱原子间的结合力,使原子的活动性大大增加,从而使其流动性有一个突变。但也有例外,如图 3−1 所示,Pd−Si 合金在极快冷却条件下,其流动性变化缓慢。

3.2 含枝晶的合金液流变特性

与液态合金相比,含枝晶结构的合金液体内混合一定体积分数的固相颗粒,并呈枝晶状,其流变性与枝晶大小、形状、分布和固相体积分数均密切相关。

3.2.1 枝晶结构组织特征

在一般铸造过程中,由于受型壁的冷却作用,合金凝固成型,制件微观组织为枝晶结构的柱晶和等轴晶。在合金凝固初期,固相体积分数很低,结晶固相可以自由在母液中游弋。随着凝固继续,固相体积分数逐渐增大。在达到某一临界固相体积分数后,晶粒相互搭接成为枝晶网络。结晶固相就形成了一个相互连接的整体而不能自由游动,只有剩余液相可以在枝晶网络间流动,而且枝晶网络对液相在其间的流动具有较大的阻力。由于枝晶网络形成使其固液态金属具有可测的强度,达 $1 \times 10^8 \text{Pa} \cdot \text{s}$ 数量级的黏度。因此,由于形成枝晶网络导致可测强度和高黏度,乃是枝晶结构固液态金属的组织特征。

3.2.2 液态模锻下的补缩流变行为

(1)补缩流动。液态模锻下的补缩流动主要是枝晶间合金液充填微缩孔的

流动。一般枝晶距离通常在 $10 \sim 100\mu m$ 之间,要达到完全补缩、消除微孔(缩松),在重力铸造下,靠冒口形成的压力补缩是很困难的,而在液态模锻的等静压力作用下,合金液流动距离较短,能量消耗少,容易完全补缩。

(2)补缩流变特性。补缩充填区是在一个很小的区间进行的,该区间的合金具有伪塑性体或宾汉体的流变特性:1)补缩初期补缩区内,晶粒并未搭接,有较大的游离空间,其补缩合金具有"剪切变稀"的流变特性,其效果大大优于重力铸造。2)补缩后期,由于液相区消失,仅存在固液区和已凝固的固相区。此时补缩区内晶粒搭接成一体,具有宾汉体的流变特征。剪切力与剪切速率呈线性关系,其流动曲线为一不通过原点的直线。3)"剪切变稀"使其补缩具有更多液态补缩特性。而宾汉体流变使其补缩具有塑性流动特征,枝晶组织的不均匀性得到改善。

3.3 球晶态结构半固态合金微观流变行为

所谓球晶态结构半固态合金指晶粒呈球形、均匀分布在母液中的一种半固态合金。本节主要从微观层面上来研究半固态合金的流变行为。

3.3.1 半固态金属流变学的基本特征

3.3.1.1 宏观特征

半固态金属与液态金属一样,在外力作用下,产生连续变形,而固态金属,则只能产生有限非连续的变形;半固态金属与固态金属又有相同特征,即具有确定形状,并且可以搬运。因此,半固态金属乃是介于液态和固态中间的一种软物质。这种物质,只要外力场稍加扰动,就可能表现出异乎寻常的流动现象。

在传统压铸中,熔融的合金液,其行为像牛顿体,如图 3-2 所示[2],当液态铝掉到地上,它会喷溅出火花,这是一种典型的液体行为。然而,半固态浆料落地时,依然保持它的完整性,它是一种典型的固态行为(图 3-3)[2]。

图 3-2 落地液态金属的喷溅现象图　　图 3-3 半固态浆料落地不喷溅、保持原形状图

另外,半固态体很容易被刀切割,并很长时间维持其形状。很显然,与液体不一样(图3－4)[2]。

在实际中发现一个有趣现象,在A356浆液充填简单型腔时,中断金属的射入可以获得奇异的不同图样(图3－5)[2]。当工艺条件稍微改变时,填充将发生明显改变。

3.3.1.2　触变强度(Thixotropic Strength)

材料抵抗变形的能力行为称之为强度。液态金属采用黏度 η_a 来表征,而固态金属采用屈服强度 σ_s 或 τ_s 来表征。半固态金属亦存在抵抗外力而产生变形的属性。多种文献[2]沿用屈服强度来表征。其主要依据是:

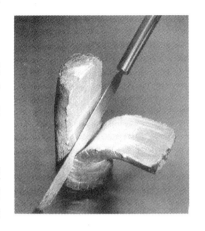

图3－4　半固态金属刀切图

浆料的固体性质表明屈服强度存在。小于这一强度,浆料行为和浆料对应力的反映与固体行为一样;大于这一强度,表现出可以被描述成具有液体性质的流动特性。这一最小使材料开始流动的剪切应力(τ_t)便称屈服强度[2],有的亦称为有限屈服应力[2]。

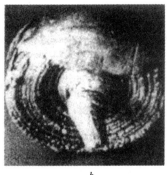
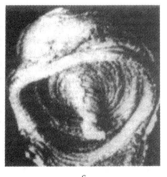

a　　　　　　　　　　　b　　　　　　　　　　　c

图3－5　填充简单型腔,不同工艺条件下的图样
a—土丘;b—圆盘;c—壳体

作者认为:既然半固态浆料亦存在一种抵抗变形的能力行为,并且既区别于液态,亦区别于固态。因此应有反映自己流动本性的物理量,称之为触变强度。其物理意义是,当外力达到触变强度时,材料即发生触变流动,此时,流动应力随变形增加而迅速下降,并达到稳定值。但屈服强度的物理意义中流动应力随变形增加而保持不变[3]。因此,采用触变强度来表征半固态金属的触变行为,其力学意义更为确切。

图 3 - 6 描述了 A356 和 A357 的触变强度 τ_t 与温度的关系[2]。其中浆料采用电磁搅拌(Magnetohydrodynamic, MHD)和细化晶粒(Grain Refinement, GR)两种方法获得。

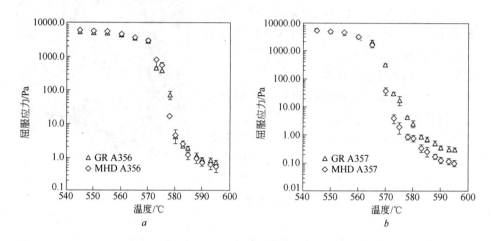

图 3 - 6　电磁搅拌和晶粒细化制备的 A356(a)和
A357(b)半固态浆料的触变强度与温度的函数关系

3.3.1.3　触变学行为

所有研究表明,半固态金属的流变行为是固相率(温度)和加工历史的严格函数[2]。为了定性表达依赖时间的流变行为,文献[2]曾引入一个无量纲的结构参数 λ,以表征半固态金属中固体颗粒的结构状态。一个完整的颗粒相互联结的,λ 被认定为 1;反之,颗粒完全分散,互不联结,λ 被认为 0。

假定半固态金属处于稳定状态($0 < \lambda < 1$),施以剪切力,在随后剪切速率立即上升或立即下降的观察中,可以看出 λ 保持一样。这一假定是基于在剪切速率跃迁试验中,没有足够时间使得结构改变。这样,可以用"恒定结构"这一概念来表征某一半固态浆料的宏观性质。一般来说,材料参数(λ)必须从非稳态试验获得。Modigell 等人采用 Sn – 15% Pb,$f_s = 0.45$,其实验数据如图 3 – 7 所示[2]。

图 3 - 8 为 Sn – 15% Pb 半固态合金剪切速率上升和下降试验[2]:描述预测的剪切应力、结构参数 λ 和温度的关系。应该注意的是:剪切应力、触变强度和结构参数不是立即随剪切速率而改变。结果显示,在剪切速率低的时候,结构参数相应高(接近1),同样也适用于触变强度。

除了试验开始阶段(时间≤0.2s),预期值与实验数据基本吻合。动力学模型是基于结构的解聚和重构之间的可逆平衡假设。结构流变和初始阶段研究对实际应用至关重要,但对于这一范围量级时间的实验很难实现。图 3 - 9 显示了

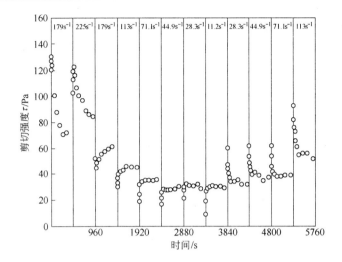

图 3 - 7　Modigell 采用的 Sn - 15% Pb, f_s = 0.45 浆料进行非稳态试验的数据

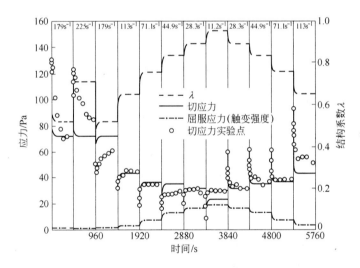

图 3 - 8　Sn - 15% Pb 半固态浆料剪切速率上升和下降试验中剪切应力、
结构参数 λ 与时间的关系

作为结构参数函数的预测触变强度、能量法则指数和稠度系数。预测表明触变强度随 λ 呈一个"S"形轨迹表现[2]。对于一个完全破坏结构（λ=0），触变强度 τ_t=0；对于一个完整结构状态（λ=1），对应一个有限值 τ_t。当稠度系数 K 以指数级增长，能量法则指数随 λ 以平方级下降。

　　上面试验的不足之处在于：试验持续时间长于任何半固态加工时间。实际上，试验持续时间为 5760s，真实的半固态加工时间持续小于 1s。

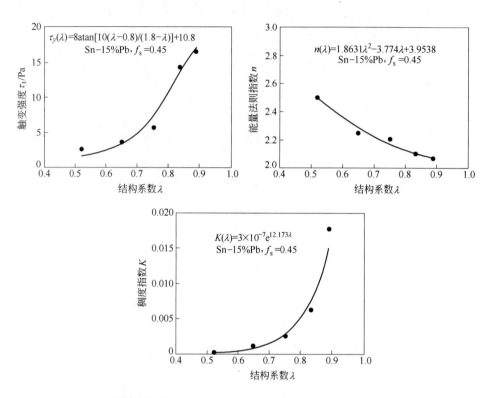

图 3 - 9　作为结构参数 λ 函数的 τ_1、n、K 的变化曲线（据 Modigell 试验）

3.3.2　高固相率半固态 ZK60 - RE 触变行为研究

　　高固相率半固态合金的触变行为是由两个方面组成的，一方面是黏度随力作用时间的增加逐渐减小，另一方面是力的作用停止后，试样表观黏度又会逐渐恢复到原来的大小，乃是半固态合金具有球晶组织，易于向原始结构回复所致[4]。

3.3.2.1　影响因素分析

　　A　静置时间对半固态 ZK60 - RE 触变行为的影响

　　图 3 - 10 为半固态 ZK60 - RE 镁合金在加热温度为 575℃、应变速率为 0.1s⁻¹、试验前等温保温 9min、压缩试样名义应变为 0.1 时

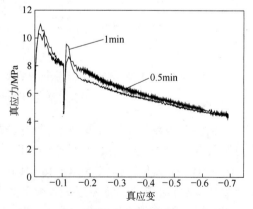

图 3 - 10　不同静置时间半固态 ZK60 - RE 镁合金压缩变形曲线

分别保温0.5min和1min,随后继续压缩所获不同的真应力－真应变曲线。压缩过程中,真应力在初始很小应变阶段内呈上升趋势,随即达到峰值,之后下降。该现象与触变行为的其中一方面吻合;另一方面,图中可以看到,静置完毕后,试样在继续压缩初始阶段再次出现峰值应力,随后迅速降低至相对稳定值。该试验现象有力地证明了半固态 ZK60 - RE 镁合金在停止力的作用后黏度逐渐恢复的现象,即完整地证明了高固相率半固态 ZK60 - RE 镁合金具有触变行为。

当静置时间不同时,试样的恢复情况不同,随着静置时间的延长,黏度恢复情况明显。图 3 - 11 是静置时间分别为 0.5min 和 1min 时,半固态 ZK60 - RE 镁合金试样压缩前、压缩至应变为 0.1 和静置不同时间后的中心和边缘部位微

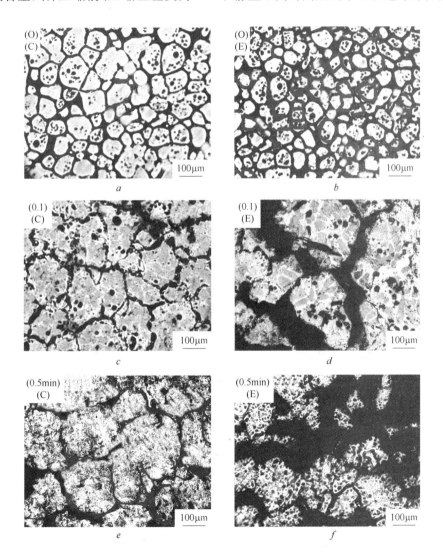

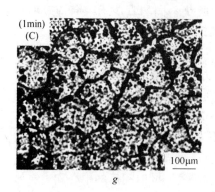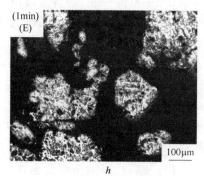

g　　　　　　　　　　　　　　　　　　h

图 3 - 11　600℃、应变速率 $10^{-1}s^{-1}$ 时半固态 ZK60 - RE 压缩不同静置时间的微观组织

(图中 C 表示中心区域,E 表示边部区域,O 表示原始组织)

观组织。可以看到,随着静置时间的延长,试样心部和边缘组织均逐渐球化、细化,与压缩前的组织越相近,并且峰值应力恢复现象明显,这说明了半固态 ZK60 - RE 镁合金球晶组织的恢复行为。

B　温度对半固态 ZK60 - RE 触变行为的影响

图 3 - 12 是 575℃ 和 600℃ (根据软件计算,对应的固相率分别为 0.78 和 0.61)、试验前等温保温 9min、试验中保温 1min、应变速率为 $0.1s^{-1}$ 时半固态 ZK60 - RE 镁合金等温压缩过程真应力 - 真应变曲线。由图 3 - 12 可知,随着半固态温度升高,曲线的峰值应力降低,原因是半固态温度升高使得液相率增大,即固相颗粒间的联结强度下降,降低了固相颗粒间的流动应力。

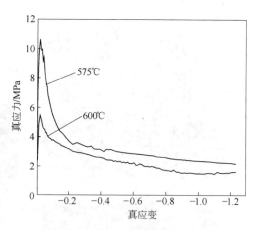

图 3 - 12　不同加热温度下半固态
ZK60 - RE 镁合金压缩变形曲线

图 3 - 13 和图 3 - 14 分别是 575℃ 和 600℃ 时,压缩至名义应变为 0.1、0.3、0.5、0.7 时半固态 ZK60 - RE 镁合金试样的中心和边缘部位微观组织。可以看到,经过很小的应变后,试样内部的微观组织已经有很大的改变,压缩前的较细小球晶组织在很小应变内便开始进行团聚和分散。图 3 - 13 中,名义应变为 0.1(真实应变为 - 0.11)时,试样中心处的固相晶粒聚集在一起形成尺寸较大的固相颗粒,并且固相颗粒间已经局部相连接,此时液相的润滑作用已经不明显,同时固相颗粒边界

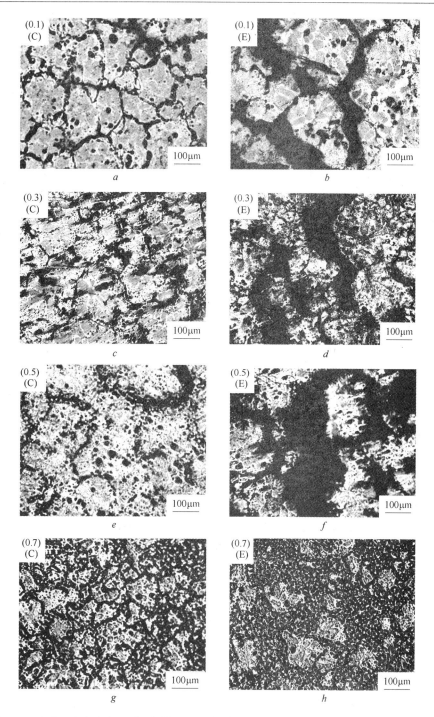

图 3 – 13 575℃、应变速率 $10^{-1}s^{-1}$、保温 1min 的半固态 ZK60 – RE 压缩不同应变时的微观组织
（图中 C 表示中心区域，E 表示边部区域）

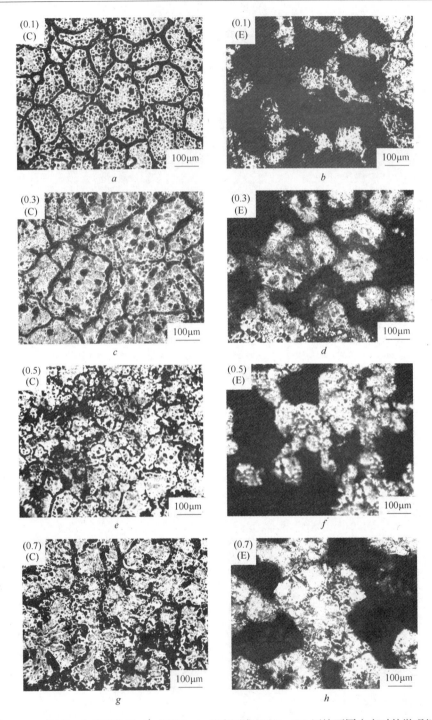

图3-14　600℃、应变速率10s⁻¹、保温1min的半固态ZK60-RE压缩不同应变时的微观组织

(图中C表示中心区域,E表示边部区域)

处不光滑,流动应力较高。试样边缘处,固相颗粒边界处出现明显的液相流动路径,晶粒的聚集更明显一些;随着应变的增加,压缩至名义应变为0.5(真实应变为 −0.69)过程中,试样中心处几乎看不到固液边界,液相不均匀地聚集,在局部形成液相流动路径。

温度为600℃时,微观组织如图3−13所示。应变为0.1时,试样中心处的固相晶粒同样聚集在一起形成大的固相颗粒,但是其圆整程度较575℃时好很多,固相颗粒周围的液相界线也比较明显,此时液相重新包裹固相颗粒团,使得下一步的变形依旧是固相颗粒团沿液相膜层的滑动。应变为0.3时,试样中心处的固相颗粒尺寸继续增大,固相颗粒在力的作用下聚集,将原来处于固相颗粒边界处的液相包裹在大的固相颗粒内部;随后压缩过程中,局部液相相互连接,固相颗粒在力的作用下沿液相流动路径滑动,当应变为0.7时,试样中心处仍然可以依稀分辨出固液边界,固相包裹的液相在压缩过程中逐渐被排挤出来。此刻,边缘处的固相颗粒已经明显增多并且聚集现象加剧。

C 保温时间对半固态 ZK60 − RE 触变行为的影响

图3−15是半固态 ZK60 − RE 镁合金在600℃、应变速率0.1s^{-1}、试验前等温保温时间为9min(在 Gleeble − 1500D 热模拟试验机上进行半固态等温压缩试验前,先将试样进行9min 的等温球化处理,随即水淬处理)、保温时间分别为1min 和4min 时的等温压缩过程真应力 − 真应变曲线。如图所示,随保温时间增加,峰值应力逐渐增加。

图3−16是半固态 ZK60 − RE 镁合金600℃时不同保温时间的微观组织。由图可知,保温 10min

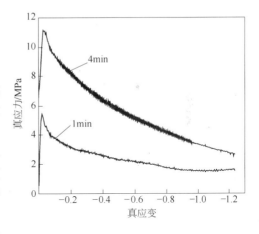

图3 − 15 不同保温时间半固态 ZK60 − RE 镁合金压缩变形曲线

(1min + 9min)时,液相几乎润湿晶界,晶粒球化程度一般;保温时间为 13min (4min + 9min)时,晶粒尺寸减小,晶粒球化程度略有好转。分析该实验结果可知,当液相完全润湿晶界时,细小固相颗粒间的液膜厚度较小且固相颗粒间结合力较大,这使得相同应变时,需要较大的力使原有晶粒间连接结构破坏,宏观则表现为流动应力较高。

图3 − 17是保温时间为4min、名义应变为0.1、0.3、0.5、0.7时压缩后试样的中心和边缘部位的微观组织。可以看出,当初始固相颗粒相对细小且圆整,心

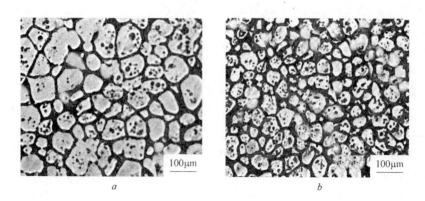

图 3 - 16　半固态 ZK60 - RE 镁合金 600℃不同保温时间的微观组织

a—10min；b—13min

部组织在压缩初始阶段(应变为 0.1 和 0.3)时,固相颗粒的尺寸较小且晶粒形状因子较好,液相均匀分布于固相颗粒周围,使得固相颗粒的变形始终沿着液相滑动;当应变增加至 0.5 或 0.7 时,中心部位依旧可以较为明显地分清固液边界,液相依旧较为均匀地在固相颗粒间调节大变形。整个变形过程中,心部组织中的液相含量没有发生太大的变化,这说明固液偏析现象不明显。

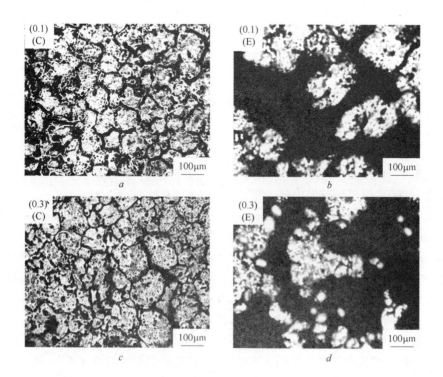

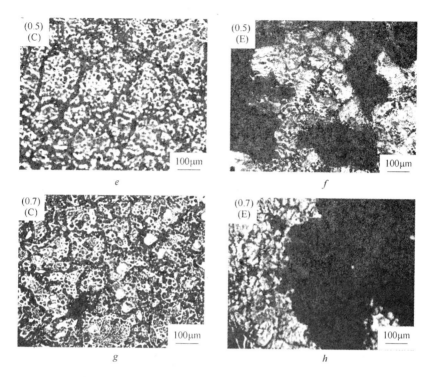

图 3-17 600℃、应变速率 $10^{-1}s^{-1}$、保温 4min 的半固态 ZK60-RE 压缩不同应变时的微观组织
（图中 C 表示中心区域，E 表示边部区域）

D 应变速率对半固态 ZK60-RE 触变行为的影响

图 3-18 是应变速率分别为 $10s^{-1}$ 和 $0.1s^{-1}$、试验前等温保温时间为 9min、保温时间为 1min、加热温度为 600℃ 时半固态 ZK60-RE 镁合金等温压缩过程的真应力-真应变曲线。如图 3-18 所示，不同应变速率条件下，曲线形状明显不同，当应变速率为 $10s^{-1}$ 时，曲线变化特殊，真应力出现多个峰值；而当应变速率为 $0.1s^{-1}$ 时，真应力只有一个峰值且曲线变化较平缓，该试验现象非常特殊，由此得到应变速率的高低对微观组织和真应力变化有本质影响。图 3-14 和图 3-19 是半固态 ZK60-RE 镁合金在应变速率分别为 $10s^{-1}$ 和 $0.1s^{-1}$、名义应变为 0.1、0.3、0.5、0.7 时试样压缩至不同应变时的微观组织。结合真应力-真应变曲线及微观组织可知，当应变速率为 $10s^{-1}$ 时，晶粒间液相相对运动（液膜破坏）速度加快，必然需要较高的剪切应力，宏观表现为峰值应力较高，但同时在较小应变内固相颗粒间的连接约束均被破坏，液相参与协调大变形的能力增强，因此应力下降明显；随后由于应变速率很大，液相没有足够的时间重新分布且有利于变形，只能以再次破坏固相颗粒团来继续进行试样的大变形，宏观则表现为

多个峰值应力。从微观组织图 3-14 中可以明显看到液相较为明显地分布于固相颗粒之间,并且固相颗粒团包裹液相现象较为不明显,剪切作用破坏了原有的固相颗粒连接结构,形成了新的微观结构。在应变为 0.3 和 0.5 时,固相颗粒团的破坏程度明显加剧。但是值得一提的是,试样在大的应变速率下,其液相与固相的整体流动性增强,表现为宏观偏析程度减弱。

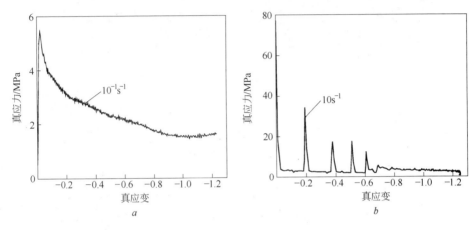

图 3-18　不同应变速率半固态 ZK60-RE 镁合金压缩变形曲线

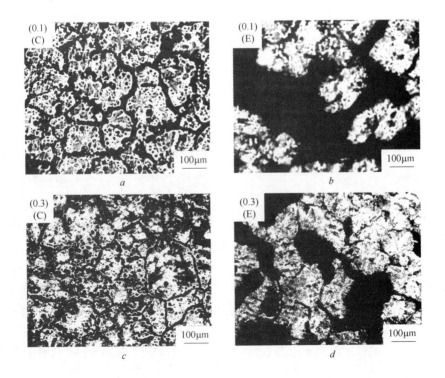

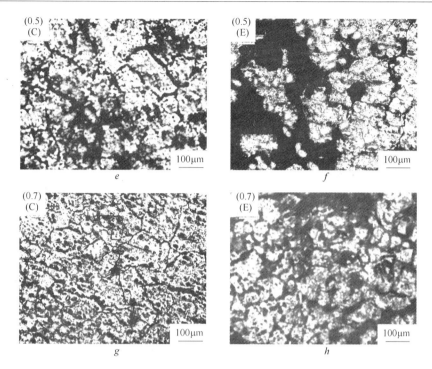

图 3-19 600℃、应变速率 $10^{-1}s^{-1}$、保温 1min 的半固态 ZK60-RE 压缩不同应变时的微观组织
（图中 C 表示中心区域，E 表示边部区域）

当应变速率为 $10^{-1}s^{-1}$ 时，初始联结结构被破坏的速率大大降低，试样中的液相有足够时间重建，固相颗粒的转动和滑动始终沿着液相膜进行，大大减低了试样的峰值应力并使得随后的流动应力缓慢减小。

3.3.2.2 半固态合金触变行为的微观机制

半固态合金触变行为的微观机制就是剪切力作用下原有的固相与液相间的联结结构被破坏，同时新的联结结构重建。但由于其重建速率小于破坏速率，因此触变行为具有依时性。

半固态材料触变流动的主要特征为"剪切变稀"和"依时"。从半固态原始态开始分析，如图 3-20 所示。两个球晶 A、B 靠液层 δ 联结着，液层与球晶 A 和 B 的联结强度呈曲线变化，其最小值于两者中心处（假如 A 和 B 的尺寸和球晶度相同），很显然，球晶 A 和 B 的联结强度（或称凝聚强度）取决于 δ 的大小。δ 愈小，联结强度就愈大。半固态坯的类固体特性就显现在联结强度的大小上，使其在半固态温度下，呈固液混合体的合金，还能保持外形和可搬运。当施加外力时，固相颗粒间的液层 δ 由于固液之间速度差会发生变化，并导致固相颗粒间联结强度发生变化。若液层 δ 变大，则联结强度下降，表现为表观黏度下降；δ 变小则联结强度上升，表现为表观黏度上升。剪切过程中，δ 的变化关键在于球

晶 A(或 B)附着的液层的变化。如图 3 - 20
所示,固相间的液层 δ 由 δ_1、δ_2 和 δ_3 三部分构
成,其中 δ_1 和 δ_2 分别是球晶 A 和 B 的液相附
着层,若剪切力的作用使得液层 δ_1 和 δ_2 遭到
破坏后具有液层 δ_3 的结构特征,那么剪切结
果为联结强度下降,即实现"剪切变稀"。当
然,和有作用力施加就有反作用力相持一样,
在"剪切变稀"发生时,伴随也有"重建变浓"
发生。一旦外力作用撤除,"重建变浓"过程
为主导,半固态合金恢复至原始状态,即保持
外形和可夹持。

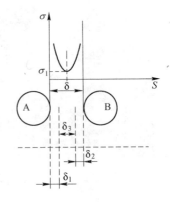

图 3 - 20　触变流动过程图示分析

　　在高固相率条件下,半固态材料的触变机制如图 3 - 20 所示,应理解为晶粒
间的液层 δ_3 不存在,晶粒间只有 δ_1 和 δ_2 附着层,甚至两晶粒间只有一个 δ($\delta =
\delta_1 = \delta_2$),变形时,剪切作用使得两晶粒沿着液层 δ 滑动。

3.3.2.3　高固相率半固态等温压缩过程固液相变化机制

A　高固相率下球晶沿晶界滑动的机制

　　Vandrager 和 Pharr 曾提出[3],液相在变形过程中,会在液相薄膜较厚处形成
孔洞。破坏固相颗粒间的约束,且液相孔洞的形成包括孔洞形核和孔洞长大两
个过程,晶粒边界或者是完全形核,或者是根本不形核。而一旦孔洞形核,就会
快速长大。同时提出,半固态合金的初始阶段变形主要由两部分组成:一是晶粒
周围液体的黏性流动;二是晶粒间的相互滑动产生的变形,而晶粒间的相互滑动
由液相中的孔洞来调节。依据 Vandrager 和 Pharr 的观点,变形开始后,液相孔洞
生成并互相连接朝各个方向扩展,彻底破坏固相颗粒间的约束,从而降低试样的
流动应力。在此基础上,孙家宽[5]研究了半固态 SiCp/2024 复合材料的力学行
为及机制,其研究结果表明,高固相率半固态材料在变形过程中,固相间滑动引
起的变形远大于液相黏性流动引起的变形。Martin[6]通过对半固态 Al - 5% Mg
合金的剪切实验表明,半固态变形机理与液相的润滑流动有关。

　　无可置疑,液相在固相颗粒滑动大变形过程中确实起到了很强的调节作用,
可以说液相是半固态材料"剪切变稀"行为的必要组织条件。压缩初始阶段,当
球晶球形度较好或者晶粒较小使得液相膜有足够强的润滑作用时,晶粒的初始
流动机制应该始终是沿着液相的滑动。如图 3 - 21 所示[5],固相颗粒间 $a - b$ 边
界处液相在法向应力 σ 作用下,流向拉应力 $c - d$ 区,使得法向 $a - b$ 固相颗粒间
液相膜厚度逐渐减小,切向 $c - d$ 液相膜厚度增大,结果切向上相邻固相间液相
相互聚集,将原有切向上固相颗粒间的联结结构破坏,而法向方向的固相颗粒逐
渐合并形成固相颗粒团。此过程中,系统内同时发生聚集和解聚两个过程,即晶

粒聚集形成固相颗粒团,液相聚集破坏原有联结结构使得原有联结结构解聚而在固相颗粒团周围再次形成边界,同时导致压缩流动应力降低。

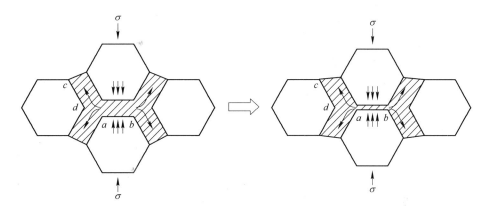

图3-21 压缩过程液相变化示意图

B 高固相率下局部液相流动路径生成机制

在相同外力作用下,固液共存时的宏观偏析现象必然存在,但是在球晶组织与液相共存的条件下,可以试图将固液偏析问题降到最低化。

分析触变行为试验中不同应变时的微观组织,在压缩过程中、后阶段,可以看到组织中局部存在一些液相相连形成的液相流动路径,这些液相流动路径在试样压缩开始前是没有的,而是压缩过程中形成的。

压缩初始阶段,半固态 ZK60 - RE 合金的变形机制基本是球形固相颗粒沿液相晶界的滑动,其滑动力的大小与晶粒的平均形状因子直接相关,一方面晶粒越接近球形且越均匀,晶粒滑动时所受到的抗力越小,表现为峰值应力越小;另一方面,液相在均匀球晶挤压条件下,沿着固定切向方向进行重新分布,通过再次包裹聚集固相颗粒团来调节大变形。随后阶段,当固相颗粒间由于相互咬合或者在滑动过程中转动而包裹大量液相时,便已经较难通过液相的润滑作用进行滑动,局部相邻液相此时会在压力作用下首先克服固相颗粒的约束而相互聚集形成液相流动路径,并通过该路径协调试样的大变形,此时液相聚集使得宏观偏析现象较为明显。若组织不均匀,则压缩过程中,在球晶滑动的同时,液相流动路径很可能同时存在。由于液相这两种调节变形机制都会导致流动应力的不断下降,因此很难单从真应力 - 真应变曲线中分辨其真正的变形机制。

此后可以认为,液相流动路径的变化引起应力的变化,该过程示意图见图3-22[4]。压缩过程中,液相流动路径形成以后便会逐渐增宽,润滑能力增强,同样使得流变应力逐渐减小,但是液相连通会使得试样在变形中出现宏观偏析,理论上不利于半固态成型技术。

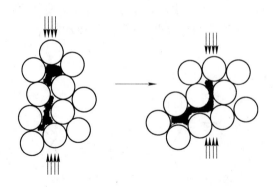

图 3－22　液相流动路径形成过程示意图

C　变量对高固相率半固态压缩过程固液相流动的影响

对于高固相率半固态成型技术,由于液相含量少,因此晶粒的球形度和晶粒尺寸有着非常重要的调节宏观偏析作用,在前面的等温压缩变形试验组织变化中,随着温度的升高和晶粒组织的细小、圆整,液相能够均匀地重新分布,局部聚集现象减弱,晶粒在液相膜层滑动时间延长。

应变速率对半固态触变行为的影响较为特殊,也较为复杂,具体情况如下。

(1)当应变速率较低时,如图 3－13、图 3－14、图 3－17 所示,固相颗粒的破坏过程较为缓慢,液相有足够的时间重新分布于固相颗粒团边界调节变形,系统内部的破坏速度小于重建速度,液膜厚度的逐渐增加导致流动应力的逐渐降低。随着压缩过程继续进行,固相颗粒的聚集使得组织不均匀,局部液相开始缓慢地形成流动路径并逐渐向试样的边缘部分移动,同时不断吸收周围液相,使得液相流动路径越来越宽,也导致流动应力逐渐降低,但宏观偏析现象明显。

(2)当应变速率较高时,如图 3－19 所示,剪切作用很强,在较短时间内,更多的液相被均匀地排挤至固相颗粒团之间调节大变形。随着应变的增加,系统内部破坏速度大于重建速度,试样大变形必须依靠不断破坏固相颗粒团联结结构进行,随即大多数包裹在固相颗粒团中的液相不断被排挤出来调节试样的大变形,宏观表现为峰值应力和稳态应力的阶段性不断出现。在整个压缩过程中,更多的液相参与变形,但是液相以局部聚集出现的现象明显较少,液相在大剪切作用下很难进行局部聚集,即固液宏观偏析减小。

3.3.3　网络结构与触变行为

触变过程存在网络结构破坏与重建两个过程,网络结构若稳固,破坏力愈强,其触变强度愈大。为此,有必要对半固态金属的触变行为发生时所对应的网络结构变化作一定性分析。

3.3.3.1　低固相体积分数下的网络结构与触变流动

(1)网络结构特征。低固相体积分数,一般界定为:$0.2 < f_s < 0.4$。固相颗粒有较大的活动空间,存在强烈的布朗运动,但在静态时,各个颗粒处在确定位置上,颗粒间主要存在胶体源力,如图3-23所示[4]。这些乃是颗粒间总排斥或总吸引的结果。例如,前者可能产生于静电荷,或产生于颗粒表面活性物质的熵排斥;后者产生于颗粒之间的范德华力的吸引,或不同颗粒部位相反电荷之间的静电吸引。假若所有力净结果是吸引,颗粒倾向于絮凝,而总排斥则意味着是伪晶格。由这些力的相互作用,使之形成了低固相体积分数的网络结构[7]。

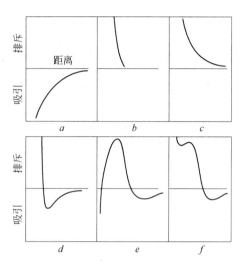

图3-23　亚微米粒子对之间的典型相互作用图
a—范德华力吸引;b—吸附大分子产生的空间排斥;
c—粒子和介电介质上存在相同电荷产生的静电排斥;
d—a和b组合;e—a和c组合;f—a、b、c三组合

(2)触变流动。在剪切速率下,施加的速度梯度引起颗粒结构取向,即原网络结构的破坏,逐步向着流动诱导结构的转变。这一过程的发生亦存在一个门槛值,即触变强度。未达到之前,网络发生变形,但不破坏,达到之后,形成了一种流动诱导结构,即所谓重建过程。流动诱导结构,即颗粒结构取向,使颗粒彼此之间较在很低剪切速率下更自由地穿过,所以表观黏度下降,随着剪切速率提高,颗粒取向愈明显,表观黏度下降愈大,即所谓"剪切变稀",当剪切停止时,流动诱导层结构逐渐消失,黏度上升,逐渐恢复原始状态。

3.3.3.2　高固相体积分数下的网络组织与触变流动

(1)网络组织特征。图3-21给出了高固相体积分数的网络结构模型,其基本特征是:以液相为晶界,把固相颗粒隔离开。这里,主要以晶界黏着力,构成一个三维网络结构。

(2)触变流动。半固态金属同样存在一个门槛值,即在剪切力作用下,触变流动发生的极限值,并称之为触变强度。一旦达到触变强度,半固态合金表现为类似液体的特性,并且有非线性的应力与应变关系。而触变强度的存在与网络结构密切相关。这里,表现为晶界的变化,包括晶界运动和晶界粗化或细化。同时,亦表现为晶粒的取向,使其有利于流动的发生和发展。

1)晶界细化和粗化。图3-21模型表示出晶界细化和粗化的一个特征,实际上,晶界细化,亦可以理解为晶界迁移或消亡,即晶粒粗化和晶界粗化同时发生。如图3-24所示[2],半固态合金 A357 在 585℃时微观组织的变化为:保温40min 比之20min 不仅颗粒粗大,而且晶界亦粗。由于晶界粗化,颗粒间结合力大大减弱,即表观黏度下降。

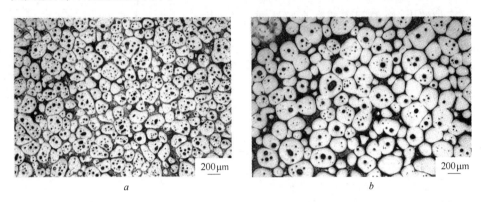

图 3-24　半固态合金 A357 在 585℃时的微观组织

a—20min;b—40min

2)晶粒取向。每个晶粒的球形度是不一样的。球形度愈低,其门槛值愈高,所需要剪切力愈大。

3.3.3.3　耗散理论解释破坏与重建

在剪切力作用下,半固态合金网络结构被破坏并重建,形成一个新的诱导机构,从而改变其流动性。原始态是一个平衡态,而新的诱导结构为一个非平衡态。从平衡态到非平衡态的转变过程中,中间存在一个耗散结构,只有外界不断输送能量(剪切力),耗散结构才可达到一个非平衡态,并有利于"剪切变稀"流动。但剪切一旦停止,即外界不输送新能量,非平衡即经耗散结构回复到新的平衡态。这种新的平衡态与原来的平衡态的组织是不一样的。即经过剪切变形的半固态金属,具有与原始组织十分不同的组织,因此,亦具有不同的触变特性,如图3-25所示[2]。

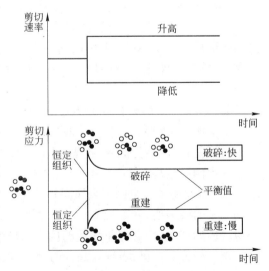

图 3-25　非稳态剪切速率增长—
下降试样中微观组织变化

3.4 固态塑性变形下的微观流变行为

3.4.1 固态塑性变形机制(晶内变形为主)

3.4.1.1 固态结构特征

固态合金均是晶体结构,原子在晶体内部按照一定的几何规律做周期排列。最常见的晶体结构有面心立方、体心立方和密排六方3种。实际使用的合金在显微镜下可以观察到是由于许多位相有差别的单晶体组成的多晶体。每一晶体内均可能存在点缺陷、线缺陷和面缺陷。

3.4.1.2 单晶体塑性变形机制

单晶体塑性变形主要通过滑移和孪生两种方式进行。晶体的滑移是在剪应力作用下,通过滑移面上的位错运动进行的。一个位错移至晶体表面时,便形成了一个原子间距的滑移量。同一个滑移面上有大量位错移到晶体表面时则形成了一条滑移线。晶体产生滑移时,实际上不是滑移面上全部原子同时滑移,而只是在位错中心附近的少数原子发生移动,而且移动间距小于一个原子间距。晶体变形的另一种方式是孪生,当滑移过程无法进行下去时,才出现孪生变形。孪生产生后,由于变形部分位向改变,可能变得有利于滑移,晶体又开始滑移,二者往往交替进行。

A 多晶体塑性变形

工业上实际应用的合金均是多晶体。组成多晶体的各晶粒大小、形状和位向都不一样,晶粒间以晶界相连,其变形方式也是滑移和孪生,但有诸多特点:

(1)晶界和晶粒位向。合金晶粒越细,晶界面积越大,每个晶粒周围具有不同取向的晶粒也多,因而变形抗力较大,塑性变形也将变难。

(2)变形不均匀。由于多晶体的晶粒有各种位向和受晶界约束,各晶粒变形先后不一致,有些晶粒变形大,有些晶粒变形小,即使同一晶粒内变形也不一致,造成了变形不均匀。

B 多晶体变形后的组织变化

多晶体合金变形后,在每一晶粒内出现滑移带和孪生组织外,还可能出现下述组织改变:

(1)具纤维组织多晶体。变形后各晶粒沿变形方向伸长。

(2)变形织构。拉伸时各晶粒滑移面有向外力方向转动的趋势。当变形很大时,各晶粒位向趋向一致,形成变形织构。

(3)亚组织。在单晶体和多晶体的变形晶粒内部将会形成亚晶粒,即亚组织。

C　加工硬化

塑性变形合金在光学显微镜下观察,随变形程度增加,晶粒沿流动方向逐渐拉长。在透射电子显微镜下观察,可以看到在变形晶粒内部存在不同变形程度的位错分布:当变形量很小时,晶粒内部位错线分布均匀。随变形量增加,一些位错线互相纠缠,称为位错纠结。继续变形时,纠结处位错愈来愈多,愈来愈密。浓密的位错纠结在晶体内,围成细小的粒状组织,称为胞状组织,亦称亚组织。亚组织之间形成的浓密位错纠结,随变形程度的增加不断加厚,使位错运动阻力增加,即加工硬化。

3.4.2　非依时塑性变形下的微观组织

非依时塑性变形过程指普通锻造、挤压和轧制下的塑性变形行为。很明显该种塑性变形是以晶内变形为主,以晶粒转动为辅的变形方式。其变形条件仅对毛坯有温度要求,毛坯与模具温差较大。因此,变形时间很短,变形结果为:宏观上形状和尺寸发生不可逆变化,而微观留下的是加工硬化组织,即使有再结晶过程,与未变形前组织相比,虽晶粒细化,等轴化明显,但组织不均匀性也明显。

3.4.3　依时塑性变形下的微观组织

所谓依时性指在一定变形条件下,应变不仅与应力有关,而且是变形时间的函数。这里的条件与流变下微观组织流变有关[8,9]。

3.4.3.1　成型条件

(1)温度。温度与热激活过程有关。在高温下,晶界强度低于晶内强度,变形往往以晶界变形为主,而晶界变形以滑动和转动两种形式发生。

(2)组织。晶粒尺寸和形状,对于超塑性流变有着决定性影响。一般晶粒尺寸 $d < 10\mu m$。晶粒尺寸变小有利于流动应力下降,超塑性变形区变宽,应变速率敏感指数 m 的峰值增加。

(3)应变速率。对于某种合金,有一个合适的应变速率值 $\dot{\varepsilon}_0$ 以对应最大的 m 值。大于或小于 $\dot{\varepsilon}_0$,均使 m 值下降,晶界液相层厚度 δ 值减小。

3.4.3.2　微观组织流变机制

在超塑性或等温锻造条件下,其流变取晶界滑动和转动为主。在低应变速率区,晶界滑动主要由扩散蠕变机制所控制;在高应变速率区,晶界滑动主要由位错机制所控制。晶界移动则与再结晶有关。显然,这种塑性流变是一个缓慢的应变硬化和修复交替进行的过程,其变形效应是累积的结果。因此,具有很强的依时性。即在低应变速率下,要获得大的变形效应,必须有一个累积过程,而变形过程发生的硬化也必须有软化过程得以修复,这也需要有一个时间的更迭。时间愈大,变形量愈大。

参 考 文 献

［1］　胡汉起. 金属凝固［M］. 北京:冶金工业出版社,1985.

［2］　Anacleto de figueredo. Science and Technology of Semi－solid Metal Processing［D］. Worcester:Worcester Polytechnic Institute, 2004.

［3］　B. L. Vandrager, G. M. Pharr. Compressive Creep of Copper Contanining a Liquid Bismuth Intergranular Phase ［J］. Acta Meterialia,1989,37:1057－1066.

［4］　单巍巍. ZK60－RE 半固态球晶组织生成及高固相率下触变行为研究［D］. 哈尔滨:哈尔滨工业大学,2007.

［5］　孙家宽. SiCp/2024 复合材料半固态变形行为及机制［D］. 哈尔滨:哈尔滨工业大学,1999:30－32.

［6］　Martin C L, Kumar P, Brawn S. Constitutite Modelling and Characterization of the Flow Behavior of Semi－solid Metal Alloy Slurries－Structural Evolution under Shear Deformation ［J］. Acta Metallurgical and Material,1994,42(11):3603－3614.

［7］　袁龙蔚. 流变力学［M］. 北京:科学出版社,1986.

［8］　林兆荣. 金属超塑性成形原理及应用［M］. 北京:航空工业出版社,1990.

［9］　T. 阿尔坦,等. 现代锻造——设备、材料和工艺［M］. 陆索译. 北京:国防工业出版社,1982.

4　合金凝固加工流变学

　　流变学理论在凝固加工理论研究和铸造生产中的应用早已是一个亮点。主要原因是:铸造生产中,首先要遇到材料本身的流动性问题,这就是合金到底适用铸造否。第二,制件尺寸形状涉及模具本身设计问题;第三,合金充型流动,人们期待充型完整,不存在充不满或冷隔等情况;第四,凝固过程中合金补缩通道设计及合金流动等。上述问题的研究和解决是获得合格制件的必要条件和保证。

4.1　凝固加工中的流变学模型

4.1.1　流体的黏性

　　当流体的流层之间出现相对位移时,不同流动速度的流层之间,将产生切向黏性力(摩擦力)。如果两无限大平板间距离很小,且充满流体。上板移动(v_x),下板不动,如图4-1所示。

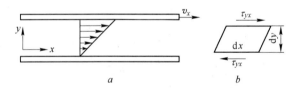

图4-1　无限大平板间流体的流动
a—流体速度分布;b—微元体上的切应力

　　在 y 方向上出现速度梯度 dv_x/dy,在流层两面上黏性力(切应力)τ_{yx}:

$$\tau_{yx} = \pm \eta \frac{dv_x}{dy} \qquad (4-1)$$

式中　η——动力黏度系数,Pa·s。

　　实际上,流体均具有黏性,且遵守式(4-1)所表示的黏性特性,称其为牛顿流体。但为了研究简便,提出了理想流体的概念,即无黏性流体,既不能传递拉力,也不能传递剪切力,只能传递压力和在压力作用下流动,同时还不能压缩,例如静止流体就具有此特性。

4.1.2 简单流体模型

第2章曾对流体类型作了叙述,下面作一回顾。除牛顿黏性体外,还有非牛顿黏性体。

4.1.2.1 假塑性体和胀流性流体

流动时,黏性力与速度梯度的关系式为:

$$\tau_{yx} = \pm \eta_0 \left(\frac{dv_x}{dy} \right)^n \qquad (4-2)$$

式中 η_0——速度梯度接近零时流体的动力黏度系数,又称零剪切黏度,$Pa \cdot s$;

n——指数,$n \neq 1$。

当 $n < 1$ 时,流体为假塑性体。此种流体保持 τ_{yx} 不变,其流速会越来越快,即 $\frac{dv_x}{dy}$ 增大,流体表现出来的黏度会变小,如图 4-2 所示。

当 $n > 1$ 时,为胀流性体,其特性为 $\frac{dv_x}{dy}$ 减小,表现出来黏性增大。

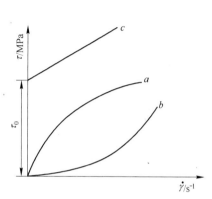

图 4-2 简单流变学模型
a—假塑性流体;b—膨胀性流体;c—宾汉流体

4.1.2.2 塑黏性体

此种流体的黏性力与速度梯度的关系为:

$$\tau_{yx} = \tau_0 + \eta_0 \left(\frac{dv_x}{dy} \right)^n \qquad (4-3)$$

式中 τ_0——屈服切应力,又称屈服极限,Pa。

当作用在流体上的切应力 $\tau_{yx} \leqslant \tau_0$ 时,此类流体不能流动,表现为固体特性。

当 $n = 1$,为宾汉体,即在 $\tau_{yx} > \tau_0$ 情况下,该流体动量传输近似牛顿体,仅作用在流层上的切应力减小了 τ_0 而已。

当 $n > 1$ 时,流体称为屈服胀流性流体。

4.1.2.3 触变性流体

一种黏性随流动时间延长而逐渐变小至某一定值的流体。此种流体停止流动时,其黏性又可逐步回增至某一定值。

铸造生产中所涉及的液态金属具有宾汉流体、屈服假塑性流体、触变流体的流变性能,而过热温度较高的金属液则可视为牛顿流体。

4.1.3 复杂流变学模型

物体的流变性能不仅多样,而且是多变的。由简单流变体(虎克体、牛顿体和圣维南体)可组合成各种物体的流变学模型。在铸造生产中常见的有开尔芬体、麦克斯韦体、施韦道夫体、宾汉体和普朗特体。

4.1.3.1 5种模型比较

5种模型均由虎克体、牛顿体和圣维南体三者之二或之三串联、并联或串并联混合构成,如图4-3所示。其中符号H为虎克体,N为牛顿体,而S为圣维南体。

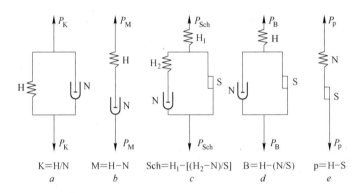

$$K=H/N \quad M=H-N \quad Sch=H_1-[(H_2-N)/S] \quad B=H-(N/S) \quad p=H-S$$

$$a \qquad b \qquad c \qquad d \qquad e$$

图4-3 5种复杂流变学模型

5种模型特点可以归结如下:(1)均有弹性体;(2)2种仅有串联:(H-N);(H-S);(3)1种仅有并联:(H|N);(4)2种串并联混合;(5)4种有牛顿体;(6)3种有圣维南体。

4.1.3.2 5种模型流变学分析

A 开尔芬体

开尔芬体是具有黏性的弹性体,有固体的特征,如图4-4所示[3]。加载时的蠕变向 $\gamma_K = \tau_c/G$ 直线渐近,而卸载时,变形消失的曲线向 $\gamma_K = 0$ 渐近。在 $t=0$ 对比曲线作切线,与 $\gamma_K = \tau_c/G$ 交 a 点,由 a 点作垂线,与 $\gamma_K = 0$ 交 a' 点, $Oa' = \theta$;在 $t=t_1$ 作切线,交 $\gamma_K = 0$ 于 $b,t_1b = \theta_1$ 。

弹性体内的黏性可使物体出现弹性后效,弹性后效 $\theta_1 = \eta/G$,当 $\eta = 0$,开尔芬体便成了虎克体。

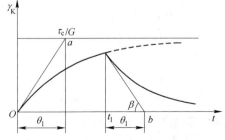

图4-4 恒载和卸载时开尔芬体的
应变与时间关系曲线

铸造中常用的黏土团就具有开尔芬体式的黏弹性。黏土团中的砂粒和黏土中更细小的胶体质点连成"网状"。"网"隙中充满黏性液体和水网本身有的弹性。因此,黏土团是一种具有黏性的弹性体[1~3]。

B 麦克斯韦体

麦克斯韦体是具有弹性的黏性体,有液体的特性,与开尔芬体的区别在于后者具有固体的特性。

当在麦克斯韦体上施加一 τ_0 后,即产生变形,而后随着时间的延长,应变不发生变化($\dot{\gamma}_e = 0$),而物体内的应力随时间延长而逐渐减小。当 $t \to \infty$ 时,应力松弛至零,这一现象称应力松弛,如图 4 - 5 所示[3]。由 τ_0 引起的 γ_0 称为线弹性变形,此时黏性还来不及发挥作用。

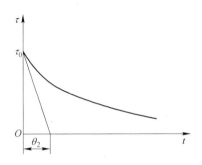

图 4 - 5　麦克斯韦体应力松弛曲线

如果在麦克斯韦体上施加一载荷,使其切应力 τ_c 不随时间变化,则将出现一种变形速度为常数的连续变形,其规律与牛顿体一样。

既有弹性,又有黏性的材料,施加载荷将出现什么变形与 θ_2 值($\theta_2 = \eta/G$)有关。若 θ_2 减小,黏性增大,表现为液态特性,若 θ_2 增大,弹性增大,则表现为固体特性。水实际上有弹性,水上用石片打水漂,使石片弹得很远,就是例证。只是它的 θ_2 很小,约 10^{-13} s,故它显示出牛顿体流变特征。而岩石其松弛时间为 10^{10} s,一般情况下呈现固体特性。弹黏性材料中弹、黏呈现程度还和应力作用时间长短有关。如果应力作用时间小于 θ_2 ,呈固体特点,如果人移动一步时间小于 10^{-13} s 时,人就可以在水面上走。而从地质年代的时间尺度来考察岩石,它就像液体那样流着; θ_2 值还随温度升高而减小,物体更容易松弛。

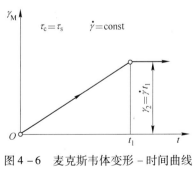

图 4 - 6　麦克斯韦体变形 - 时间曲线
γ_2 —残余应变

在恒应力作用下,物体表现出来的变形速度为定值,其麦克斯韦流变性能亦称为蠕变是稳定蠕变。高温的固态金属、聚合物的熔体内部在焙烧中出现的玻璃相的熔模型壳均有麦克斯韦流变性能。麦克斯韦体变形 - 时间曲线如图 4 - 6 所示[3]。

C 施韦道夫体

施韦道夫体是具有弹性 $G = (G_1 G_2)/(G_1 + G_2)$ 和黏性 η 的塑性体。当物体作用的应力小于此物体的屈服极限时($\tau < \tau_s$),物体呈现固体虎克体流变性能,其弹性由 G_1 决定;而当 $\tau > \tau_s$ 时,表现有液体的牛顿体特性,并且有与麦克斯韦体相似的应力松弛特性,但应力不能全部消失,应力减小速度可用松弛时间 $\theta_n = \eta / G$ 表示。显然,只有塑性材料在应力超过屈服极限后物体才出现一定大小的应变速度 $\dot{\gamma}$,由此施韦道夫体具有塑性,其流动表现为黏性,称其为塑黏性,所测得的黏度称为塑性黏度 (η_p)。

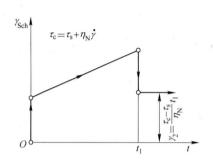

图 4-7　不变切应力作用下的施韦道夫
体变形 - 时间关系曲线
γ_2—残余应变

在不变切应力作用下,施韦道夫体的变形 - 时间关系曲线如图 4-7 所示[3]。

D　宾汉体

宾汉体是一种带有塑性(屈服点)的弹黏性物体,作用其上的应力小于屈服值时,物体表现为固体的特性;而大于屈服值时,物体又呈现液体的特性。宾汉体和牛顿体的不同点在于:当 $\tau \leqslant \tau_s$ 时,宾汉体 $\dot{\gamma} = 0$,而牛顿体则在任何 τ 值时,均有相应流动速度 $\dot{\gamma}$。

宾汉体在 $\tau > \tau_s$ 时,流动时所表现的黏度会随着流动速度的增大而减小,向宾汉体中的牛顿体黏度 η 靠近,即呈现"剪切变稀"流变行为。

与施韦道夫体一样,宾汉体也同样出现应力松弛行为,其松弛时间 $\theta_n = \eta / G$。在不变切应力作用下,宾汉体变形 - 时间关系曲线如图 4-8 所示[3]。

E　普朗特体

普朗特体是施韦道夫体的一种特例。即当施韦道夫体中 $G_2 = \infty$,它便成为宾汉体,而当 $G_2 = \infty$,又有 $\eta = 0$,便成为普朗特体。施韦道夫体、宾汉体和普朗特体均是塑性体,在不变切应力作用于普朗特体时,其变形 - 时间关系曲线如图 4-9 所示[3]。

4.1.4　铸造生产中常见的复杂流变学模型

铸造用的黏土砂在其紧实的变形过程中,表现出弹、黏合塑性变形,其黏度、屈服值和弹性模数均会随紧实度增大而提高,因此,提出一个称之为普遍适用的机械模型是有困难的。俄罗斯学者曾作尝试,现介绍如下。

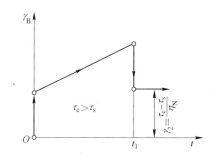

图 4-8 宾汉体在不变切应力作用下的
变形 - 时间关系曲线
γ_2—残余应变

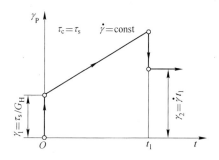

图 4-9 不变切应力作用下的普朗特体
变形 - 时间关系曲线
γ_1—虎克体应变；γ_2—残余应变

4.1.4.1 型(芯)砂的宾汉体串联开尔芬体模型的建立

В. П. Авдокушин 等人利用了计算机技术与实际测试相结合的研究方法,求得了松散紧实砂(质量组成为硅砂 100 份、木素 2.5 份和表面活性剂 0.5 份)的流变性能机械模型 B-K,如图 4-10 所示[3]。

为建立此种机械模型,先用测试方法获取 $\tau = f(\gamma)$ 的曲线,然后用计算机按各种机械模型和流变参数建立各种 $\tau = f(\gamma)$ 的理论曲线,找到与测试曲线均方差值最小的理论曲线,即可确立所测型砂的流变性能机械模型。

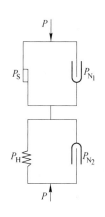

图 4-10 木素震实冷硬
砂的流变性能机械模型

4.1.4.2 紧实时有结构变化的型(芯)砂流变性能机械模型

Л. Е. Комаров 根据前述俄罗斯学者的型(芯)砂流变性能的测试结果,用逐步推导的方法研究得出了紧实时有结构变化的型(芯)砂流变性能机械模型。表明型(芯)砂有塑性变形的特性。这种塑性变形量在卸载以后都不能全部保持下来,总会以弹性后效的形式消失一部分。此种弹性后效式的变形减小是由型(芯)砂中的被压颗粒的弹性、封闭式空气的弹性所引起的,因此可设想在型(芯)砂流变性能机械模型中的开尔芬体是与圣维南体 S_2 并联的[3],即:

$$FS = H_0 - (N|H_x|S_2) \tag{4-4}$$

由实验观察在型(芯)砂受压时,一方面出现砂粒、砂团、黏土团的相互接近形式的黏塑性流动,这可用式(4-4)中的 $N|S_2$ 表示;另一方面,在颗粒的直接接触面上,以及"封闭"的空气隙中出现了弹性变形。当加压载荷超过某一屈服

值以后,便会出现一些颗粒相对另一颗粒的切向移动,此时型(芯)砂的结构重新组织。上述的弹性变形可由式(4-4)中的 H_x 表示。H_x 中有虎克体H_1表示黏结构材料和空气弹性,有虎克体 H_2 表示砂粒本身的弹性;而弹性变形得到屈服值时的相对滑动变形可用普朗特体 $P = H_1 - S_1$ 表示。在此 P 表示砂粒表面黏结材料和空气的弹塑性特性。所以式(4-4)中的 H_x 应改写为 $P - H_2$ 或 $H_1 - S - H_2$,因此式(4-4)应该写成[3]:

$$FS = [H_0 - (N | H_x | S_2)] = H_0 - [N_1 (H_1 - S_2 - H_2) | S_2] \qquad (4-5)$$

4.1.4.3　铸造合金的流变性能模型

不管是在浇注时,或是合金在铸型中凝固及其随后的冷却过程中,合金的流变性能与铸件的成型过程和铸件的最后的质量都有紧密关系。早期的铸造合金流变性能研究主要局限于浇注系统设计和铸型充填方面,较多地从水力学的角度出发来考虑铸造合金的流动性,并简单地把液态合金视作牛顿液体。近五六十年来人们开始逐渐地开展铸造合金流变性能的流变学研究,并与成型过程相结合,指出铸件的大多数缺陷都是在这固液温度区间形成的,与固液线间的合金流变性能直接相关。

A　树枝晶固液态铝硅合金流变模型

由实验观察知加载较小时合金无残余变形,加载较大时合金出现残余变形的情况,具有宾汉体的流变特性,则合金的流变性能机械模型结构式可写成[3]:

$$T = H_1 - (S | N_1) - X_2 = B - X_2 \qquad (4-6)$$

式中　X_2——合金流变性能机械模型中尚未知晓的组成部分。

由实验曲线知,合金具有弹性后效变形特点,合金流变性能中有开尔芬体的

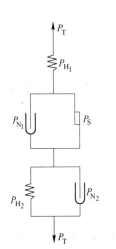

图4-11　树枝晶固液态铝硅
合金流变性能机械模型

成分($H_2 | N_2$)。总变形量 $\gamma = \gamma_1 + \gamma_2 + \gamma_3$ 中,γ_1 为 H_1 的变形量;γ_3 为($S | N_1$)的变形量;γ_2 即为弹性后效变形量,即开尔芬体的变形量。因此可确定树枝晶固液态铝硅合金的流变性能机械模型为:

$$T = H_1 - (S_1 | N_1) - (H_2 | N_2) \qquad (4-7)$$

T 模型的示意图如图4-11所示[3]。

人们曾用同样的原理测试了铝铜合金、铜合金和碳钢的含树枝晶固液态情况下的流变性能,发现它们的流变曲线有相似的特点,因此可以断言,凡树枝晶固液态合金都有同样的流变性能的机械模型是带有屈服值的弹、黏、塑性材料,既有弹性后效,又有应力松弛,还能产生残余变形的能流动。

B 热裂纹形成的流变学模型

热裂纹生成的流变学机械模型如图 4 - 12 所示,由开尔芬体和宾汉体串联而成,并通过求解本构方程可得 Al - Cu 合金热裂形成的变形[4]:

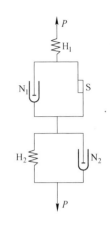

图 4 - 12 热裂纹生成的流变学机械模型

$$\left. \begin{array}{l} \gamma_H = \tau/G_1 \\ \gamma_K = [1 - \exp(-tG_2/\eta_2)]\tau/G_2 \\ \gamma_B = (\tau - \tau_s)t/\eta_1 \end{array} \right\} \qquad (4-8)$$

式中,G_2/η_2 表示开尔芬体的渐息系数,它的大小表征可逆开尔芬体变形恢复的难易程度,其值越大时,开尔芬体变形恢复越容易。在 Al - 5% Cu 合金中加入稀土,可使渐息系数的峰值左移,使枝晶连成骨架的温度推迟,使准固相线下降,准液态区扩大,准固态区缩小。因此,稀土的加入可不同程度地提高合金固液共存区的流变参数,从而改善该合金的热裂倾向。

4.2 液态金属成型流动

液态金属按成型方式不同,成型流动存在差异,但总可以划分为填充(包括传输)和填充后两阶段。

4.2.1 充填流动

液态金属成型过程中,由于加工成型方式的不同,熔体受到各种外力的作用,形成相应的简单的流动或复杂的流动。其中,简单的流动有挤出过程中圆截面口模内的压力流动;复杂的流动有射注机搅拌过程中螺杆与机筒之间的剪切、拉伸和压力等组合的流动。显然,研究这些流动及规律有助于指导相关加工成型工艺的调控以及设备和模具的设计与优化,有利于促进材料加工流变学理论的发展。

流动过程可分为两类:拖曳流动和压力流动。所谓拖曳流动是指对流体不施加压力梯度,而是靠边界运动产生流动场,黏性作用使运动着的边界拉着流体跟它一起运动。这种运动又称为 Couette 流动。所谓压力流动是指施加在流体上的外压力产生速度场,但体系的边界是固定不动的刚体,这种流动又称为 Poiseuille 流动。

4.2.1.1 拖曳流动

A 平行板间的拖曳流动[5]

图 4 - 13 为平行板间的拖曳流动图。上板以恒定速度 v 沿 x 轴对固定下板

作平行运动,板间距离为 B,沿 y 轴方向。这种流动产生于边界运动的情况,这时虽未对系统施加压力梯度,但流动场本身会建立压力梯度,利于充填过程的有效进行。

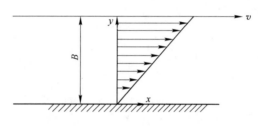

图 4 - 13　平行板间拖曳流动

文献[5]为了推导拖曳流动的体积流率作了必要的简化假设,其表达式为:

对牛顿流体:

$$v_x = \frac{v}{B}y \qquad\qquad (4-9)$$

$$\dot{\gamma} = \frac{\partial v_x}{\partial y} = \frac{v}{B} \qquad\qquad (4-10)$$

$$\tau_{yx} = \eta\dot{\gamma} = \eta\frac{v}{B} \qquad\qquad (4-11)$$

对服从幂律的流动有:

$$v_x = \frac{v}{B}y, \dot{\gamma} = \frac{v}{B} \qquad\qquad (4-12)$$

由式(4-11)和式(4-12)可知,无论是牛顿流体还是幂律流体,作平行板拖曳流动时,其速度表达式均相同,其剪切速率都是常数。

体积流量为:

$$Q = \int_0^B W v_x \mathrm{d}y = \int_0^B \frac{W v_y}{B}\mathrm{d}y = \frac{vWB}{2} \qquad (4-13)$$

式中　W——在 x 轴方向上每单位的宽度,m。

B　圆环空间的拖曳流动[5]

这是流体在内、外径分别为 R_i 和 R_0 的同心圆之间的转动流动,如图 4 - 14 所示[5]。

假设内筒以角速度 Ω 转动,产生速度场为 $v = [0, v_\theta(r), 0]$ 的等温层流流动,还假设体系是旋转对称的,无 z 方向流动。

对任何流体,柱坐标动量方程的 r 分量和 θ 分

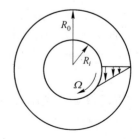

图 4 - 14　圆环内的拖曳流动

量可以简化成:

$$\frac{-\rho v_\theta^2}{r} = \frac{-\partial p}{\partial r} \qquad (4-14)$$

$$\frac{1}{r^2}\frac{\partial}{\partial r}r^2\tau_{r\theta} = 0 \qquad (4-15)$$

积分可得:

$$p = \int \rho \frac{v_\theta^2}{r}\mathrm{d}r \qquad (4-16)$$

和

$$\tau_{r\theta} = \frac{\alpha}{r^2} \qquad (4-17)$$

其中 α 为一常数。

考察幂律流体的解:

$$\tau_{r\theta} = K\left[r\frac{\mathrm{d}}{\mathrm{d}r}\left(\frac{v_\theta}{r}\right)\right]^n = \frac{\alpha}{r^2} \qquad (4-18)$$

解出其中的微商为:

$$\frac{\mathrm{d}}{\mathrm{d}r}\left(\frac{v_\theta}{r}\right) = \frac{1}{r}\left(\frac{\alpha}{Kr^2}\right)^{1/n} = br^{-2/(n-1)} \qquad (4-19)$$

或

$$\frac{v_\theta}{r} = \frac{br^{-2/n}}{-2/n} + c \qquad (4-20)$$

有关边界条件为 $r = R_i$ 时 $v_\theta = R_i\Omega$, $r = R_0$ 时, $v_\theta = 0$, 由此可算出 b 和 c。

最后求得的 v_θ 可写成下式:

$$\frac{v_\theta}{R_i\Omega} = \frac{r}{R_i}\frac{1 - (R_0/r)^{2/n}}{1 - K^{-2/n}} \qquad (4-21)$$

其中, $K = R_i/R_0$。

转动内圆筒上的剪切速率为:

$$\dot{\gamma}_{R_i} = \left[r\frac{\mathrm{d}}{\mathrm{d}r}\left(\frac{v_\theta}{r}\right)\right]_{r=R_i} = \frac{2\Omega}{n\left[1 - (R_i/R_0)^{2/n}\right]} \qquad (4-22)$$

内圆筒壁上的剪切应力为:

$$\tau_{R_i} = M/2\pi R_i^2 L \qquad (4-23)$$

式中 M——转动内圆筒的转矩;

L——内圆筒浸入流体的高度。

流动指数为:

$$n = \mathrm{dlg}\tau_{R_i}/\mathrm{dlg}\Omega \qquad (4-24)$$

对于牛顿流体,内圆筒壁上的剪切速率为:

$$\dot{\gamma}_{R_i} = 2\Omega/\left[1 - (R_i/R_0)^2\right] \qquad (4-25)$$

从而可算出牛顿流体的黏度:

$$\mu = \tau_{R_i} / \dot{\gamma}_{R_i} = \frac{M}{4\pi L\Omega}\left(\frac{1}{R_i^2} - \frac{1}{R_0^2}\right) \qquad (4-26)$$

C 环形导管的轴向拖曳流动[5]

流体在两个同心圆筒之间的环形空间中被内圆筒以速度 v 拖曳而沿 z 向运动(图4-15)。

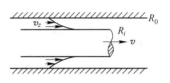

假设内圆筒沿轴向运动而产生等温、层流流动,其速度场为 $v=[v_z(r),0,0]$,再根据简化假设,可得出[5]:

图4-15 轴向环隙拖曳流动的集合形状

对于牛顿流体,其速度分布、体积流率和剪切速率分别为:

$$\frac{v_z}{v} = \frac{\ln(r/R_0)}{\ln K} \qquad (4-27)$$

$$\frac{Q}{2\pi R_0(R_0 - R_i)v} = -\frac{2K^2\ln K - K^2 + 1}{4(1-K)\ln K} \qquad (4-28)$$

式中,$K = R_i/R_0$。

对于幂律流体有:

$$\dot{\gamma}_{R_i} = -\frac{1}{R_0 - R_i}\frac{1-K}{K\ln K} \qquad (4-29)$$

$$\frac{u_z}{v} = \frac{1}{K^q - 1}\left[\left(\frac{r}{R}\right)^q - 1\right] \qquad (4-30)$$

式中

$$q = 1 - \frac{1}{n}$$

$$\frac{Q}{2\pi R_0(R_0 - R_i)v} = \frac{1}{q+2}\frac{1-K^{q+2}}{(1+K)(K^q-1)} - \frac{1+K}{2(K^q-1)} = H(K,q) \qquad (4-31)$$

$$\dot{\gamma}\big|_{R_i} = -\frac{du_z}{dr}\bigg|_{R_i} = -\frac{v}{R_0 - R_i}\frac{q(1-K)K^{q-1}}{K^q - 1} \qquad (4-32)$$

4.2.1.2 压力流动

A 平行板之间的压力流动[5]

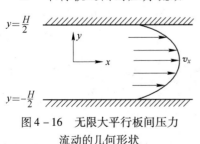

图4-16 无限大平行板间压力流动的几何形状

假设流体在两块无限大平行平板之间有一个等温、充分发展的层流图4-16,其速度场为 $v=[v_x(y),0,0]$。

对于牛顿流体其速度分布为[5]:

$$v_z = \frac{H^2\Delta p}{8\mu L}\left[1 - \left(\frac{2y}{B}\right)^2\right] \qquad (4-33)$$

在 z 方向单位宽度 W 的体积流率为:

$$\frac{Q}{W} = \frac{B^3 \Delta p}{12 \mu L} \tag{4-34}$$

式中 Δp——压力降,Pa;

  L——长度,m。

剪切速率为:

$$\dot{\gamma}_w = 6Q/WB^2 \tag{4-35}$$

剪切应力为:

$$\tau_w = B\Delta p/2L \tag{4-36}$$

对于幂律流动,其速度分布和体积流率分别为:

$$v_x = \frac{nB}{2(1+n)} \left(\frac{B\Delta p}{2KL}\right)^{1/n} \left(1 - \left|\frac{2\gamma}{B}\right|^{(n+1)/n}\right) \tag{4-37}$$

$$\frac{Q}{W} = \frac{nB^2}{2(1+2n)} \left(\frac{B\Delta p}{2KL}\right)^{1/n} \tag{4-38}$$

B 长圆管中的压力流动[5]

假设幂律流体沿着水平长圆管的轴向作等温、充分发展的层流运动。流动具有圆柱对称性,$v_\theta = 0$,且 $\partial/\partial\theta = 0$。对于充分发展的流动,径向速度为零,即 $v_r = 0$,而轴向速度 v_z 和轴向位置无关。设圆管的直径 $D = 2R$,长度为 L,如图 4-17 所示。

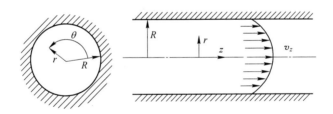

图 4-17 圆管中的压力流动

根据假设经推导可得[5]:
体积流率为:

$$Q = \frac{n\pi R^3}{3n+1} \left(\frac{R\Delta p}{2KL}\right)^{1/n} \tag{4-39}$$

平均速度为:

$$\bar{v}_z = \frac{Q}{\pi R^2} = \frac{n}{(3n+1)} \left(\frac{R^{n+1}\Delta p}{2KL}\right)^{1/n} \tag{4-40}$$

剪切速率为:

$$\dot{\gamma}_R = \frac{2(3n+1)}{n} \frac{\bar{v}}{D} = \frac{3n+1}{4n} \frac{4Q}{\pi R^3} \tag{4-41}$$

对于牛顿流体，$n=1,K=\mu$，则得体积流率和速度分布为：

$$Q = \frac{\pi \Delta p R^4}{8\mu L} \tag{4-42}$$

$$v_z = \frac{\Delta p r^2}{4\mu L}\Big[1 - \Big(\frac{r}{R}\Big)^2\Big] \tag{4-43}$$

C　环形导管中的轴向压力流动[5]

在这种情况下，流体处于两个长度为 L、半径分别为 R_i 和 R_0 的同心圆筒之间，假设圆筒固定不动，流体在环隙中作定常的、充分发展的等温、层流运动，其速度场为 $v = [0,0,v_z(r)]$。

对于牛顿流体，在 $r = R_i$ 和 R_0 时 $v_z = 0$ 的边界条件下，速度分布为：

$$v_z = \frac{\Delta p R_0^2}{4\mu L}\Big[1 - \Big(\frac{r}{R}\Big)^2 + \frac{1-K^2}{\ln(1/K)}\ln\frac{r}{R_0}\Big] \tag{4-44}$$

体积流率为：

$$Q = \frac{\pi \Delta p R_0^4}{8\mu L}\Big[1 - K^4 - \frac{(1-K^2)^2}{\ln(1/K)}\Big] \tag{4-45}$$

式中，$K = R_i/R_0 < 1$。

对于幂律流体，也可得到速度分布，靠近内筒的速度（v_z^{I}）和外筒的速度（v_z^{II}）是不同的，最大速度偏离环隙中心而靠近内筒一侧。

体积流率为：

$$Q = \frac{n\pi R_0}{2n+1}(R_0-R_i)^{(2n+1)/n}\Big(\frac{\Delta p}{2KL}\Big)^{1/n}F(n,K) \tag{4-46}$$

式中，$F(n,K)$ 为流率修正函数。

4.2.2　充填后液态金属的流动

4.2.2.1　液态金属对流

液态金属浇入或挤入型腔后，存在大量金属液体流动，包括浇注动量引起的紊流、热对流（温差对流或自然对流）、浓差对流[6]。

A　紊流

无论浇注系统如何精心设计，浇注的动量作用必生成紊流，从而造成漩涡。漩涡消失的时间可用下式判断：

$$t = K\frac{d^2}{\nu'} \tag{4-47}$$

式中　d——漩涡直径，m；

　　　ν'——紊流运动黏度，m²/s。

应该指出，ν' 比层流 ν 大的多，如水的 ν' 为 ν 的 86 倍。

B　热 对 流

凝固过程中,液态金属的温度差会引起热对流。这是由于温度不同引起热膨胀的差异。在重力场中,密度较小的液体受到浮力作用。当浮力大于液体的黏滞力时将产生对流。图 4-18 为简化热对流模型[1]。两无限大平板间,其温度分布和对流速度分布如图 4-18 所示。因速度差而产生剪应力 $\tau\left(\tau=\eta\dfrac{\mathrm{d}v_x}{\mathrm{d}y}\right)$,于是 τ 在 y 方向上的梯度为:

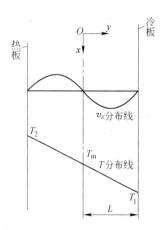

图 4-18　简化热对流模型

$$\frac{\mathrm{d}\tau}{\mathrm{d}y}=\eta\frac{\mathrm{d}^2v_x}{\mathrm{d}y^2} \qquad (4-48)$$

显然,温差存在(呈直线)引起密度差存在,切应力梯度亦可表示为:

$$\frac{\mathrm{d}\tau}{\mathrm{d}y}=(\rho_y-\rho)g \qquad (4-49)$$

式中　ρ——平均温度下的密度,kg/m^3;

　　　　ρ_y——任意温度下的密度,kg/m^3。

且有:

$$\rho_y-\rho=\rho\beta(T_m-T) \qquad (4-50)$$

式中　β——液体的体膨胀系数;

　　　　T_m——平均温度。

比较式(4-48)、式(4-49)和式(4-50)可得:

$$\eta\frac{\mathrm{d}^2v_x}{\mathrm{d}y^2}=\frac{1}{2}\rho\beta g\Delta T\left(\frac{y}{L}\right) \qquad (4-51)$$

积分求解得:

$$v_x=\frac{\rho\beta gL^2\Delta T}{12\eta}\left[\left(\frac{y}{L}\right)^3-\left(\frac{y}{L}\right)\right] \qquad (4-52)$$

或写成:

$$v_x=\frac{\rho\beta gL^2\Delta T}{12\eta}(\mu^3-\mu) \qquad (4-53)$$

式中,$\mu=\dfrac{y}{L}$ 称之为无量纲距离。也可以将 v_x 化为无量纲速度(雷诺数),以 Re 表示:

$$Re=\frac{Lv_x}{v}=\frac{Lv_x\rho}{\eta} \qquad (4-54)$$

合并式(4-53)、式(4-54)得:

$$Re = \frac{\rho^2 \beta g L^3 \Delta T}{12 \eta^2} (\mu^3 - \mu) \qquad (4-55)$$

或写成：

$$Re = \frac{1}{12} G_r (\mu^3 - \mu) \qquad (4-56)$$

式中，$G_r = \dfrac{\rho^2 \beta g L^3 \Delta T}{\eta^2}$ 为对流强度，也是一个无量纲参数。

　　C　浓度差对流

　　当铸件由下向上凝固，温度由上向下递减时，若合金中溶质（例如铁碳合金中的碳，铝硅合金中的硅）的密度较小，则在凝固过程中固液界面附近液体的密度必小于平均值（因为此处有溶质堆积），这样就会在液体中产生密度差对流。要保证不产生这种现象就必须在液相中有一个由下向上递减的密度分布。设 β_t 和 β_c 分别代表溶质因温度变化和因浓度变化而产生的膨胀系数，则 x 处的密度梯度可用下式表示：

$$\frac{\partial \rho_L}{\partial x} = \rho_L \left(\beta_t \frac{\partial T}{\partial x} + \beta_c \frac{\partial G_L}{\partial x} \right) \qquad (4-57)$$

　　因为在上述特定情况下浓度梯度与温度梯度的方向相反，故必须保证式（4-57）右边第 1 项大于第 2 项才不会产生密度差对流，但这种因浓度差而引起的对流只是在单相合金定向凝固的条件下才容易发生，因为只有在这种情况下才会有凝固前沿的溶质堆积。

　　另一种密度差对流是由于糊状区远端等轴晶粒的出现而产生的。因为晶粒的密度通常大于液体的密度，故当凝固由下向上进行时，在糊状区远端常常可以产生晶粒下行的沉降流。与此相反的是灰铸铁中的初生石墨晶粒，其密度远远小于液相的密度，故容易产生漂浮的现象。

4.2.2.2　金属液在枝晶间的流动——补缩流动

　　"补缩流动"是液态成型过程至关紧要的[6]。枝晶间距在 $10 \sim 100 \mu m$ 之间，其枝晶区可作多孔性介质。流体通过介质的速度可用 Darcy 定律来表示：

$$v' = -\frac{K}{\eta} \nabla p \qquad (4-58)$$

式中　　K——介质透气率，%；

　　　　η——液体黏度，Pa·s；

　　　　∇p——体系压力梯度，Pa/m。

　　式（4-58）中 v' 为表征速度，即流量除以全部管道面积，而不是流量除以实际孔隙面积。其真实平均速度为：

$$\bar{v} = -\frac{K}{\eta f_L} \nabla p \qquad (4-59)$$

式中　f_L——液体体积分数,%。

　　若是一维流动则有:

$$\bar{v}_x = -\frac{K}{\eta f_L}\frac{\partial p}{\partial x} \qquad (4-60)$$

　　设想一长度为 L 的实心圆棒,在横截面上钻了很多孔径为 R 的微小孔道,可以引用圆管中液体的流动规律,即在每一个圆管通道中,横截面上任一点轴向切应力为:

$$\tau_r = -\left(\frac{p_0 - p_L}{L}\right)\frac{r}{2} \qquad (4-61)$$

式中　p_0, p_L——进、出口的压力,MPa;

　　　　r——指定点半径,m;

　　　　L——管道长,m。

　　根据牛顿黏性方程,可得:

$$\mathrm{d}v_x = -\left(\frac{p_0 - p_L}{2\eta L}\right)r\mathrm{d}r \qquad (4-62)$$

　　将式(4-62)积分,其边界条件 $r=0, v_x=0$,得:

$$v_x = -\left(\frac{p_0 - p_L}{4\eta L}\right)(R^2 - r^2) \qquad (4-63)$$

　　当 $r=0$ 时,有:

$$v_{x\max} = -\frac{p_0 - p_L}{4\eta L}R^2 \qquad (4-64)$$

$$\bar{v}_x = \frac{1}{2}v_{x\max} = -\frac{p_0 - p_L}{8\eta L}R^2 \qquad (4-65)$$

　　设压力梯度为常数,即:

$$\frac{\partial p}{\partial x} = \frac{p_0 - p_L}{L}$$

则有:

$$\bar{v}_x = \frac{1}{2}v_{x\max} = -\frac{R^2}{8\eta}\frac{\partial p}{\partial x} \qquad (4-66)$$

设模拟体单位面积行有 n 个孔道,则 $f_L = n\pi R^2$,故 $R^2 = f_L/n\pi$,代入式(4-66)得:

$$\bar{v}_x = \frac{-f_L}{8\eta n\pi}\frac{\partial p}{\partial x} \qquad (4-67)$$

比较式(4-60)和式(4-67),可知:

$$K = \frac{1}{8n\pi}f_L^2 \qquad (4-68)$$

令 $\gamma = \dfrac{1}{8n\pi}$，将式(4 - 68)代入式(4 - 60)，得：

$$\bar{v}_x = -\frac{\gamma f_{\mathrm{L}}}{\eta}\,\frac{\partial p}{\partial x} \qquad\qquad (4-69)$$

式中，K 为渗透系数，也可以表示为 $K = \gamma f_{\mathrm{L}}^2$，其中 $\gamma = \dfrac{1}{8n\pi}$，是一个与枝晶间空隙和结构有关的常数。因为 n 为单位面积的空隙数，n 愈大，空隙愈窄，即枝晶间距愈小，K 愈小，平均流动速度愈小。

对于三维空间，考虑重力影响，枝晶间液态金属平均流动速度可定性为：

$$v = \frac{K}{\eta f_{\mathrm{L}}}\nabla(p + p_{\mathrm{L}} f_{\mathrm{L}}) \qquad\qquad (4-70)$$

4.3　充填过程数值模拟

以液态压铸为例，对充型有关的理论和方法作如下阐述[7]。

4.3.1　基本方程

压铸模流分析以流体力学、传热学、凝固理论和力学为基础，应用数值分析方法来解析压铸过程。其理论基础仍是建立在流体力学三个基础约束方程式之上，即连续性方程、动量守恒方程和能量守恒方程：

连续性方程：

$$\frac{\partial u}{\partial x} + \frac{\partial v}{\partial y} + \frac{\partial w}{\partial z} = 0 \qquad\qquad (4-71)$$

动量守恒方程：

$$\frac{\partial u}{\partial t} + u\frac{\partial u}{\partial x} + v\frac{\partial u}{\partial y} + w\frac{\partial u}{\partial z} = -\frac{1}{\rho}\frac{\partial p}{\partial x} + \mu\left(\frac{\partial^2 u}{\partial x^2} + \frac{\partial^2 u}{\partial y^2} + \frac{\partial^2 u}{\partial z^2}\right) + g_x \quad (4-72)$$

$$\frac{\partial v}{\partial t} + u\frac{\partial v}{\partial x} + v\frac{\partial v}{\partial y} + w\frac{\partial v}{\partial z} = -\frac{1}{\rho}\frac{\partial p}{\partial y} + \mu\left(\frac{\partial^2 v}{\partial x^2} + \frac{\partial^2 v}{\partial y^2} + \frac{\partial^2 v}{\partial z^2}\right) + g_y \quad (4-73)$$

$$\frac{\partial w}{\partial t} + u\frac{\partial w}{\partial x} + v\frac{\partial w}{\partial y} + w\frac{\partial w}{\partial z} = -\frac{1}{\rho}\frac{\partial p}{\partial z} + \mu\left(\frac{\partial^2 w}{\partial x^2} + \frac{\partial^2 w}{\partial y^2} + \frac{\partial^2 w}{\partial z^2}\right) + g_z \quad (4-74)$$

能量守恒方程

$$\rho c_p\left(\frac{\partial T}{\partial t} + u\frac{\partial T}{\partial x} + v\frac{\partial T}{\partial y} + w\frac{\partial T}{\partial z}\right) = k\left(\frac{\partial^2 T}{\partial x^2} + \frac{\partial^2 T}{\partial y^2} + \frac{\partial^2 T}{\partial z^2}\right) + \rho L\frac{\partial f_s}{\partial t} \quad (4-75)$$

式中　ρ——密度，$\mathrm{kg/m^3}$；

　　　t——时间，s；

　　　u——x 方向上的速度分量，m/s；

　　　v——y 方向上的速度分量，m/s；

w——z 方向上的速度分量,m/s;

p——压力,MPa;

T——温度,℃;

μ——运动黏度,MPa·s;

k——热导率,W/(m·K);

g——重力加速度,m/s^2;

c_p——比热容,J/(kg·℃);

f_s——固相率,%;

L——潜热,J。

4.3.2　牛顿流体

$$\tau_{xy} \propto \frac{\mathrm{d}u}{\mathrm{d}y} \qquad (4-76)$$

流体在一维方向上持续受一剪应力而产生连续变形,可将此流体称为牛顿流体(Newtonian Fluids)。反之如果流体在一维方向上受一剪应力而不会发生连续性变形,则称它为非牛顿流体(Non - Newtonian Fluids)。

4.3.3　$K-\varepsilon$ 双方程紊流模型

压铸充型过程中,由于压铸时间短,而雷诺数通常大于 10^5,其流动被认为是未充分发展的紊流流动。流动流体的前沿是不连续的甚至有喷射雾化的现象。在压铸充型模拟过程中,目前多采用 $K-\varepsilon$ 双方程紊流模型。紊流动能 K 和紊流动能耗散率 ε 由下面的方程来确定。$K-\varepsilon$ 双方程紊流模型中常数的取值目前已趋向一致,见表 4-1。

表 4-1　$K-\varepsilon$ 双方程紊流模型中常数值

C_1	C_2	C_μ	σ_K	σ_ε
1.44	1.92	0.09	1.0	1.33

4.3.4　基本方法

模流分析软件有 MAGMAsoft、ProCAST 和 FLOW3D,皆可用于模拟不同压铸条件下,金属熔体在模腔内的流动及充填情况,一般模流分析软件的解析方法可分为有限元法和有限差分法。而 FLOW3D 所采用的数值方法是有限差分法,并以特殊技巧 FAVOR 法来定义矩形网格内一般几何形状的区域,及 VOF 预测自由表面流体的运动、表面张力和其他复杂的流动。利用这些特殊方法的结合,可以使得网格建立更容易,减少记忆体的使用量,缩短电脑运算时间[4]。

4.3.4.1　FAVOR 法

FAVOR[7]是 Fractional Area Volume Obstacle Representation 的缩写。它主要应用于以矩形元素构成的网格中,是定义一般被视为障碍物的形状体的一种方法。即用来定义每一个网格元素的六个面中通过流体的部分面积,以及流体自由出入部分的体积。这些部分的面积和体积将会结合到有限体积的运动方程中。FAVOR 法的优势在于提供了一个建立模型时的弹性机制,当处理流体与固体之间的热传导时,FAVOR 法在每个网格元素中提供了一个良好的流体与障碍物交界面面积的确定方法,最终能够得出高精度的解。采用 FAVOR 改良型有限差分模型,整个计算过程简单、稳定、准确。

压铸充型过程中,型腔中的金属液流动可以认为是带有自由表面的常物性黏性不可压缩牛顿流体的非稳态流动。由于充型时间短,而雷诺数通常又大于10^5,其流动被认为是充分发展的紊流流动。

对于不可压缩黏性流体而言,FAVOR 方程组具有以下形式:

$$\nabla \cdot (Au) = 0 \tag{4-77}$$

$$\frac{\partial u}{\partial t} + \frac{1}{V}(Au \cdot \nabla)u = -\frac{1}{\rho}\Delta p + \frac{1}{\rho V}(\nabla A) \cdot (\mu\nabla)u + g \tag{4-78}$$

$$\frac{\partial H}{\partial t} + \frac{1}{V}(Au \cdot \nabla)H = \frac{1}{\rho V}(\nabla A) \cdot (k\nabla T) \tag{4-79}$$

$$Au = (A_x u_x, A_y u_y, A_z u_z) \tag{4-80}$$

$$(\nabla A) = \left(\frac{\partial}{\partial x}A_x, \frac{\partial}{\partial y}A_y, \frac{\partial}{\partial z}A_z\right) \tag{4-81}$$

$$H = \int c(T)\mathrm{d}T + (1 - f_s) \cdot L \tag{4-82}$$

式中　A_i——流体在第 i 个方向上自由流通部分的面积,m^2;

　　　V——自由流通的部分的体积,m^3;

　　　u_x——x 方向上的速度分量,$\mathrm{m/s}$;

　　　u_y——y 方向上的速度分量,$\mathrm{m/s}$;

　　　u_z——z 方向上的速度分量,$\mathrm{m/s}$;

　　　p——压力,MPa;

　　　ρ——密度,$\mathrm{kg/m}^3$;

　　　μ——运动黏度,$\mathrm{MPa \cdot s}$;

　　　k——热导率,$\mathrm{W/(m \cdot K)}$;

　　　g——重力加速度,$\mathrm{m/s}^2$;

　　　c——比热容,$\mathrm{J/(kg \cdot ℃)}$;

f_s——固相率,%;

L——潜热,J;

H——流体的焓,J。

对于模具而言能量方程式具有以下形式:

$$\frac{\partial T_m}{\partial t} = \frac{1}{\rho C_m V_c}(\nabla A_c) \cdot (k_m \nabla T_m) \qquad (4-83)$$

式中　m——模具的相关参数;

　　　c——部分体积与部分面积的补数。

金属与模具之间的热通量定义为 q,其形式如下:

$$q = h \cdot (T - T_m) \qquad (4-84)$$

式中　h——热导率,W/(m·K)。

4.3.4.2 流体体积法

流体体积法(Volume of Fluid, VOF)提供了一种跟踪固定容积网格的自由表面位置形状的方法。VOF 法最有意义的一面是动态并且准确地建立了界面边界条件,亦即 VOF 法是对自由表面或者两种流体之间的界面的一种数值处理方法。

VOF 法定义了一个体积函数 $F(x,y,z)$,在被流体占据的点上 $F=1$,否则为 0。当对一个流体单元进行平均时,F 的平均值等于流体占据的体积分数值,特别是 $F=1$ 时,格子被流体充满;$F=0$ 时,格子中无流体;$0<F<1$ 则代表流体单元具有自由表面。这样通过解出每个单元的液体体积分数就可以确定自由表面的位置和形状。这种方法的优越性在于减少了关于自由表面计算的工作量。

对于界面的处理采用"施主 – 受主"对流(Donor – Acceptor Advection)的方式。所谓"施主 – 受主"法就是根据计算单元的速度方向及单元的液流量来将单元标志为施主单元和受主单元。施主单元将有流体流出,受主单元将有流体流入。在所需计算的元素中,界面的形态是考虑自身 F 值以及周围元素 F 值的情况而得到的。然而施主元素或受主元素的对流方式是根据正交于界面的对流方向来确定的。

方程式 F 为:

$$\frac{\partial F}{\partial t} + \frac{1}{V}\nabla \cdot (AuF) = 0 \qquad (4-85)$$

自由表面的边界条件是没有法向方向与切向方向的应力。因为对于液态压铸来说金属液体的流动被看做是紊流流动,固壁边界的处理可以认为固壁上的紊动能级耗散率的法向梯度近似为零。

参 考 文 献

[1]　胡汉起. 金属凝固原理[M]. 北京:机械工业出版社,2000.

[2]　林柏年,魏尊杰. 金属热态成形传输原理[M]. 哈尔滨:哈尔滨工业大学出版社,2000.

[3]　林柏年. 铸造流变学[M]. 哈尔滨:哈尔滨工业大学出版社,1991.

[4]　王英,王建中. 铸造合金流变学研究现状[J]. 辽宁工学院学报,2001,21(4):43-45.

[5]　林师沛,赵洪,刘芳. 塑料加工流变学及其应用[M]. 北京:国防工业出版社,2008.

[6]　张录甫,肖理明,黄志光. 凝固理论与凝固技术[M]. 武汉:华中工学院出版社,1985.

[7]　柳百成,荆涛. 铸造工程的模拟仿真与质量控制[M]. 北京:机械工业出版社,2001.

5 合金塑性加工流变学

5.1 引言

塑性加工的目的有:改善组织性能、成型制件。前者体现在第一次塑性加工,后者主要在第二次塑性加工。成型制件即使其与零件尺寸和形状相一致或接近。因此,对塑性加工流变学的研究,乃是实现精确成型的关键一步。

5.1.1 合金塑性流动的基本特征

合金塑性流动的基本特征是存在一个临界值 τ_s,并具有依时性。

(1)存在一个临界值 τ_s。所谓临界值 τ_s,称之为剪切屈服极限,当外载荷施加于物体,其体内产生的剪切力未达到 τ_s,材料不产生塑性流动,仅仅达到 τ_s,塑性流动产生,并持续进行,τ_s 保持恒值不变。

(2)存在依时性。前面提过,"流"和"变"存在差异,前者更多体现在过程中,即流动有一过程,存在一个时间参数。而变形更多体现一个结果,即实现物体形状、尺寸的改变。这个改变,乃是由 t 开始,经 Δt 后流动的结果。对于一些高速成型,Δt 可能很短,对于一些等温成型,Δt 可能很长,但其时间 Δt 是存在的。对众多的塑性加工研究人员来说,重在结果,而其依时性研究不足,这是一个缺陷。只有研究过程、研究流动,才有可能把时间因素考虑在其研究中,从而充分利用材料的特性,选取最佳的成型条件,实现精确成型。

5.1.2 合金塑性加工流变学的基本问题

合金塑性加工流变学的基本问题是[1]:在时间 t,在已知质点的邻域内,已知它的变形(加载)过程时,应力(应变)应该是什么样的,更确切地说,流变学确定了描述不同连续介质热力学性质的泛函形式:

$$T_\sigma = T_\sigma \left[T_\varepsilon(t) \right]_{t_0}^{t} \tag{5-1}$$

或

$$T_\varepsilon = T_\varepsilon \left[T_\sigma(t) \right]_{t_0}^{t} \tag{5-2}$$

解决这个问题,就能预测大范围实验研究的实施情况,并建立能够描述物体实际热力学性质的流变模型。

5.1.3　合金材料流动的分类[2]

按照剪切流动应力 τ 与变形速度 v 和变形程度 ε 的关系特性,可以把固体材料的流变特性分为 4 类:

(1)脆性体。理想脆性体在极小的弹性变形下就破坏,没有任何流动的标志。极小的弹性变形理解为 0.001% 的变形。在约为 0.001% ~ 1% 的小弹性变形下,存在流动或标志,或残余变形处于与弹性变形相同范围,即可称为脆性体。

(2)弹性体。理想弹性体容许有无限大的弹性变形,而没有任何破坏标志。在破坏时,没有塑性变形,但有弹性变形的物体称为弹性体。应力与变形的关系可以是线性的,亦可以是非线性的。

(3)黏性体。黏性体的基本特征有:

1)剪切抗力与变形速度有关,而与变形程度无关。

2)剪切抗力在同一变形速度下与静水压力有关,其关系式为:

$$\tau_{\mathrm{p}} = \tau_{\mathrm{s}} \mathrm{e}^{\alpha p} \tag{5-3}$$

式中　p——静水压力,MPa;

　　　τ_{s}——$p = 0$ 时的剪切抗力,MPa;

　　　α——与分子量有关的函数;

　　　τ_{p}——静水压力 p 下的剪切抗力,MPa。

3)在流动过程中,没有组织与性能的不可逆的残余变化。

4)在取决于黏性体本性和温度的一定速度下,黏性体可容许有无限大的残余变形,而没有完整性破坏的任何标志。在达到一定的特性速度后,黏性体或者转变成弹性体,或者转变成脆性体。

黏性体可分成液态、固液态和固态三种。液态黏性体具有很低的屈服极限,因此,它经过某一时间周期,就在自重作用下,取得容纳它的容器形状。半固态和固态具有在自重影响下不漫流的屈服极限。其流变曲线如图 5-1 所示[2]。

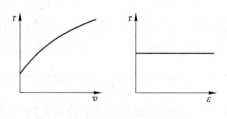

图 5-1　黏性体的流变曲线

(4)塑性体。1)剪切抗力与变形速度无关,但可能与变形程度有关;2)在流动过程中组织性能发生变化。图 5-2 为塑性体的流变曲线[2]。

实际上,自然界中常发生流变体组合:①塑性 - 黏性体;②塑性 - 脆性体;③弹性 - 塑性体;④弹性 - 黏性体;⑤弹性 - 脆性体;⑥黏性 - 塑性 - 脆性体;⑦弹性 - 黏性 - 塑性体;⑧弹性 - 塑性 - 脆性体;⑨弹性 - 黏性 - 塑性 - 脆性体。组合体的流变曲线也反映基本流变体的曲线的组合,如图 5-3 所示[2]。

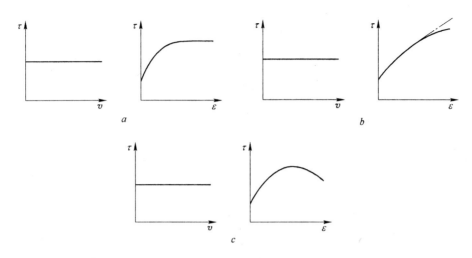

图 5 - 2　塑性体的流变曲线

a—理想塑性体;b—塑性变形伴随着显著脆化的塑性体;c—具有晶间变形的塑性体

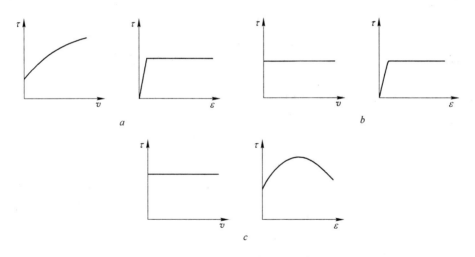

图 5 - 3　组合体的流变曲线

a—弹性 - 黏性体;b—弹性 - 塑性体;c—塑性 - 脆性体

5.2　固体合金流变力学

5.2.1　条件应力图和真实应力图

图 5 - 4 给出了低碳钢的条件应力图(实线)和真实应力图(虚线)。每一条线都可标出一系列特征点:A、B、C、D、E、F[3]。

首先在 OA 段,图中是倾斜直线。在这个范围内,应力 σ 与应变 ε 成正比增长,即遵从虎克定律 $\sigma = E\varepsilon$,其中 E 是拉伸弹性模数。在达到比例极限 σ_{nn} 之前,虎克定律均适用。

过点 A,曲线弯曲,虎克定律不适用。但是一直到相应弹性极限 σ_{yn} 的点 B 之前,试样的变形仍然是弹性的,在卸载时变形完全消失。点 B 接近于点 A,因此常常认为它们是重合的。如果通过点 B 引垂线,则图上这条线的左边是弹性变形区,而右边是弹塑性变形区,因为在这个区内发生弹性变形同时总是发生卸载时不消失的残余塑性变形。

图 5-4 上 C 点开始有一水平段,为流动极限 σ_s。不增加载荷变形就增加,CD 段常称为流动台阶。在很多情况下,拉伸试验时没有发现台阶 CD,拉伸图是图 5-5 所示的曲线形式[2]。在这种情况下流动极限 σ_s 有条件地确定为残余变形为某给定值时的应力,例如 $\sigma_{0.2}$ 为 0.2% 残余变形时的应力值。

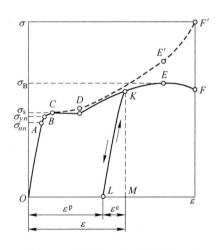
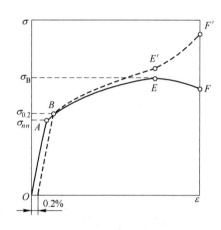

图 5-4　有流动台阶材料的应力图　　　　图 5-5　无流动台阶材料的应力图

图 5-4 中,从 D 点开始,材料重新具有了增加变形抗力以抵抗进一步变形的能力。图沿着有最高点 E 的光滑曲线变化,在 E 点条件应力 $\left(\sigma = \dfrac{P}{\Phi_0}\right)$ 具有最大值,达到了极限强度 σ_B。达到 E 点之后,试样局部收缩,产生细颈,变形由均匀过渡到不均匀。在图上,条件应力降低,这与试样横截面积减小有关。但是如果计算细颈处最小横截面积上的真实应力,则发现一直到断裂时刻(点 F')之前,应力都是增大的。

5.2.2　卸载和重复加载

图 5-4 中,所谓卸载就是在达到某点 K 之前,减少试样的载荷。在卸载过

程中 $\sigma-\varepsilon$ 关系用平行于直线 OA 的直线 KL 表示。在弹塑性变形区域内卸载时,变形并不是完全消失。它减小的是弹性部分的值(线段 LM)。线段 OL 是残余变形或塑性变形。

在试样重复加载时,拉伸图取直线 KL,然后沿直线 KEF 路径,就好像没有进行中间卸载。因此,由于初始变形,金属似乎获得了弹性,并且超过了弹性极限,同时由此而在很大程度上失去了进行塑性变形的能力。这种现象称为强化(硬化)。

5.2.3　变形速度的影响

变形时的再结晶过程分为三个阶段:第一阶段中在变形的多晶体中形成了新的晶粒,它们消耗畸变变形的晶粒而长大。第二阶段是集合阶段。在此过程中它的一些畸变的晶粒依赖另一些而长大。因此,晶粒的平均尺寸增大了。最后,在第三阶段,仅仅个别的晶粒表现出长大的能力,这导致形成具有不同尺寸晶粒的组织。

再结晶可消除组织缺陷,提高塑性,恢复金属的初始(变形前的)性质和组织,使它们软化。

加热到超过再结晶温度 θ_p 的试样进行塑性变形时,伴随着强化发生再结晶引起的软化过程。曲线 $\sigma-\varepsilon$ 的特征由这两个过程的速度比值确定,变形速度越快,软化的影响越小。这时材料显示出黏性,即在弹塑性变形区域中应力 σ 随变形速度增加而增大。在最简单的情况下,有线性关系 $\sigma=\sigma_s+\eta'\xi$,其中 η' 是黏性系数。在 $\sigma_s=0$ 时,得到线黏性材料(牛顿介质)。因而根据材料的温度,将能评定"热金属"塑性变形($\theta>\theta_p$)、"冷金属"塑性变形($\theta<\theta_p$)和"温金属"塑性变形($\theta\approx\theta_p$)。

5.2.4　最简单的流变模型

5.2.4.1　刚-塑性介质模型

假定在应力低于流动极限时不发生塑性变形。在满足流动条件 $\sigma=\sigma_s$ 的时候,发生塑性流动。以位于平面上之荷重(干摩擦定律,图 5-6a)的形式表示这个模型。

顺次将弹性元件和塑性元件连接起来(图 5-6b)。由此得到了弹-塑性介质模型。这种介质的 $\sigma-\varepsilon$ 图见图 5-6b。此时总的变形由两部分组成,即弹性部分 ε^e 和塑性部分 ε^p:

$$\varepsilon=\varepsilon^e+\varepsilon^p \qquad\qquad (5-4)$$

在卸载时,弹性变形消失,塑性变形残留下来。图 5-6c、图 5-6d 给出了刚-塑性和弹-塑性线性强化介质的 $\sigma-\varepsilon$ 图。

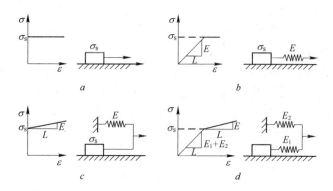

图 5 - 6　塑性介质模型[1]

a—刚 - 塑性介质;b—弹 - 理想塑性介质;c—刚 - 塑性线性强化介质;

d—弹 - 塑性线性强化介质

5.2.4.2　麦克斯韦介质模型

顺次连接弹性和黏性元件(图 5 - 7)[3]。应变速率 $\xi = d\varepsilon / dt$,是对应于同一应力的弹性分量 $\xi = \dfrac{1}{E}\dfrac{d\varepsilon}{dt}$ 与黏性分量 $\varepsilon^{p} = \sigma / \eta'$ 的和:

$$\frac{d\varepsilon}{dt} = \frac{1}{E}\frac{d\sigma}{dt} + \frac{\sigma}{\eta'} \qquad (5 - 5)$$

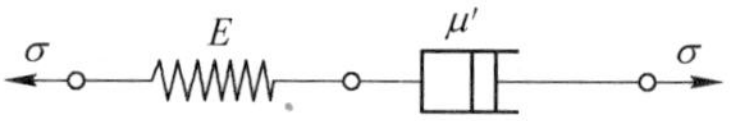

式(5 - 3)为麦克斯韦弹 - 黏性介质模型,讨论如下:

图 5 - 7　麦克斯韦弹 - 黏性介质

(1)设应力恒定(σ = 常数),则 $d\sigma / dt = 0$,材料的流动与黏性液体相似。

(2)在 $t = 0$ 时刻施加应力 $\sigma(0)$ 并将杆端固定就固定了变形。因为此时 $d\varepsilon / dt = 0$,式(5 - 3)变为 $\dfrac{1}{E}\dfrac{d\sigma}{dt} + \dfrac{\sigma}{\eta'} = 0$,因而:

$$\sigma = \sigma(0)\exp(-t/t_0) \qquad (5 - 6)$$

式中,$t_0 = \eta'/E$,称为松弛时间,它是初始应力减小到 $e = 2.718$ 倍所用的时间。

5.2.4.3　施韦道夫介质模型

平行地连接黏性和塑性元件,同样地给出黏 - 塑性介质。介质行为可以用下述方程描述:

当 $\sigma \geqslant \sigma_s$ 时

$$\sigma = \sigma_s + \eta'\frac{d\varepsilon}{dt} \qquad (5 - 7)$$

当 $\sigma < \sigma_s$ 时,不发生变形。

5.3 固体合金流变冶金学

固体合金流变力学从加载上讨论了力对固体流变行为的影响,这是从宏观层面上研究固体流变发生的力学条件、温度条件,包括加载方式和路径、应力 - 应变状态、塑性流动的本构方程和温度场等。本节将从塑性流动的机制上,即从微观层面上来研究固体的流变行为。

5.3.1 滑移流动

金属塑性流动是使各晶块相互之间沿着特定晶面滑动的力学行为。图 5 - 8 表示滑移的经典图形[3]。图 5 - 8a 中,剪应力作用于表面抛光的金属立方体上。当剪应力超过临界值时滑移便发生。原子沿着滑移面运动了一个原子间距离的整数倍。结果在抛光面上产生台阶(图 5 - 8b)。用显微镜从上方观看抛光面时,台阶显示成一条线,称为滑移线。若在滑移发生后再抛光表面,使台阶磨去,滑移线则消失(图 5 - 8c)。

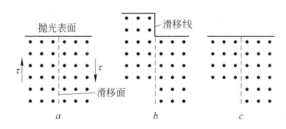

图 5 - 8 滑移的经典概念示意图

均匀塑性流动后单晶体依然是单晶体,滑移最容易在一定的晶面上沿特定的方向发生。滑移面一般是原子密度很大的面,滑移方向则是滑移面内最密排的方向。因为原子密度很大的面也是晶体结构中间隔最宽的面,因此对于这些面的滑移阻力一般小于任何晶面族。滑移面和滑移方向一起组成滑移系。

5.3.2 理想点阵中的滑移

如果假定滑移是以一个原子面在另一个原子面上平移的方式发生的,就可能对理想点阵中的这种移动需要的剪切应力作出合理估算,即:

$$\tau_m = \frac{G}{2\pi} \tag{5-8}$$

式中 τ_m——临界剪切应力,MPa;

G——剪切模量,MPa。

由于金属晶体的理论剪切强度(由式(5-6)推算)至少比实测的剪切强度

大 100 倍,势必得出如下结论:引起滑移的不是原子面的整体切边,而是另外的机制。

5.3.3　位错运动引起的滑移

5.3.3.1　位错引起滑移的机制

在理想点阵中,滑移面上下的所有原子都处于能量最低位置。当剪应力作用于晶体时,阻碍运动相等的力作用在所有原子上。当晶体中一位错存在时,离位错很远的原子仍处于能量极小的位置,但在位错处只需要原子作很小位移。如图 5-9a 所示,刃型位错处额外原子面最初位于 4。在剪应力作用下,原子向右作一段很小的位移,使这半原子面和半原子面 5′ 成一直线,同时从滑移面下将半原子面 5 和它相邻的原子面切开。通过这一过程,刃型位错线从它最初在晶面 4′ 和 5′ 之间的位置移到晶面 5′ 和 6′ 之间的一个新位置上,因为围绕位错的原子是对称地配置于额外半原子面两边的,所以大小相等、方向相反的两个力分别阻碍和促进运动。如此一来,作为一级近似,不存在一个作用在位错上的净力,从而使位错运动所需要的应力为零。在图 5-9 所示应力作用下,这个过程的继续使位错向右运动。当额外半原子面到达自由表面时(图 5-9b),引起一个柏氏矢量的滑移台阶。对于简单立方点阵也就是引起一个原子间距的滑移台阶[3]。

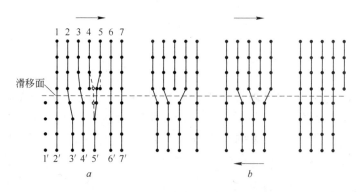

图 5-9　刃型位错的运动
a—滑移时接近位错的原子运动;b—位错向右运动

科垂耳(Cottrell)曾指出塑性变形是由未滑移状态到已滑移状态的一种转变(图 5-10a)。从动力学上看,为了使过程的阻力最小,已滑移的材料通过界面区的推进使未滑移区减小的方式增大(图 5-10b)。这个界面区就是位错。为了使转变能量最小,预计界面厚度 W 是狭窄的。长度 W 即是位错的宽度。位错宽度越小,界面能越低;而位移越宽,晶体的弹性能就越小,因为此时滑移方向上的原子间距更接近于它的平衡间距[3]。

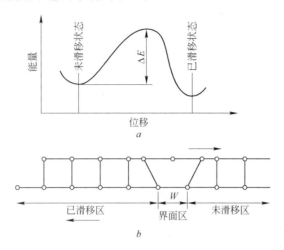

图 5 – 10 滑移发生与增殖
a—由未滑移状态到已滑移状态的能量变化;b—已滑移区增长的步骤

5.3.3.2 位错引起滑移剪应力计算

设位错产生的一个长度为 b 的滑移永久变形,故剪应变为 $\gamma = b/h$ (图 5 – 11a)。显然,整个宏观的塑性应变是大量单个位错运动引起的微小应变的总和。因此,如果位于三个平行面上的三个位错通过晶体运动,剪应变则为 $\gamma = 3b/h$[3]。

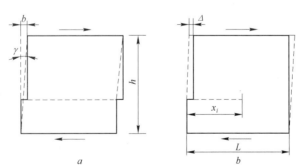

图 5 – 11 位错引起剪应变示意图
a—单个位错通过晶体产生的剪切应变;b—位错通过晶体的一部分时产生的剪切应变

位错沿滑移面穿过晶体运动的部分路程为(图 5 – 11b):因为 b 比起 L 或 h 来是非常小的,所以对在 $x_i = 0$ 和 $x_i = L$ 之间任一位置上的某个位错,位移 δ_i 和相对位移 $\dfrac{x_i}{L}$ 成比例,即:

$$\delta_i = \frac{x_i b}{L}$$

对很多滑移面上的大量位错,晶体上部分相对晶体下部分的位移总和是:

$$\Delta = \sum \delta_i = \frac{b}{L} \sum_{i=1}^{N} x_i \qquad (5-9)$$

式中 N——晶体体积中已运动的位错总数。

宏观剪应变为:

$$\gamma = \frac{\Delta}{h} = \frac{b \sum_{i=1}^{N} x_i}{hL} \qquad (5-10)$$

如果位错运动的平均距离为 $\bar{x}$,且有:

$$\bar{x} = \frac{\sum_{i=1}^{N} x_i}{N}$$

则

$$\gamma = \frac{bN\bar{x}}{hL} \qquad (5-11)$$

此式最好以位错密度 ρ 的形式写出,即:

$$\gamma = b\rho\bar{x} \qquad (5-12)$$

式中,$\rho = N/hL$。

位错密度是单位体积中位错线的总长,或者说是穿过单位截面积的位错线的数目。以剪应变速率来表示式(5-10),有:

$$\dot{\gamma} = \frac{\mathrm{d}\gamma}{\mathrm{d}t} = b\rho \frac{\mathrm{d}\bar{x}}{\mathrm{d}t} = b\rho\bar{\gamma} \qquad (5-13)$$

式中,$\bar{\gamma}$ 为平均位错速度,在许多系统中它是可用试验方法测得的一个量。从式(5-13)中可以看出,如果要通过位错性能来描述宏观的塑性流动,需要知道:(1)晶体结构,以便求得 b;(2)可移动的位错数 ρ;(3)平均位错速度 $\bar{\gamma}$。ρ 和 $\bar{\gamma}$ 取决于应力、时间、温度和预选的热机械加工过程。

5.3.4   孪生流动

孪生发生在使晶体一部分和其余非孪晶点阵部分以一定的对称方式取向,如图5-12所示[3]。图5-12a 为垂直于立方点阵表面的某一截面,孪晶面垂直于纸面。若施加一剪切力,即发生孪生流动(图5-12b),孪晶面右侧的区域是未变形的。在孪晶面左侧使点阵在孪晶面两边成镜面映像,以这种方式使原子面发生切变。在如此简单的点阵中,孪晶面内的每一个原子都以均匀切变方式移动一段距离,这距离与原子至孪晶面的距离成正比。图5-12中实线圆代表移动的原子,虚线圆代表位置改变了的原子在点阵中的原始位置,实心圆点是这些原子在孪生区内的最终位置。

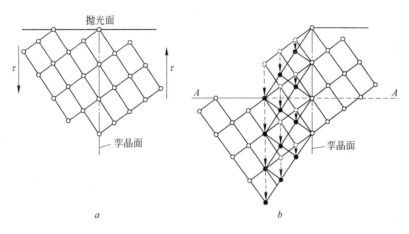

图 5 - 12 经典的孪晶图

应当注意的是,孪生在一些特殊方面与滑移有区别。滑移时滑移面上下的晶体的取向是相同的,而孪生造成孪生面两边的取向不同。一般认为滑移以原子间距不连续倍数的形式出现,而孪生时原子的移动远远小于一个原子间距。滑移沿比较分散的一些面发生,可是在晶体的孪生区内每一个原子面都参与了变形。

晶体中产生孪晶结构需要的点阵应变比较小,因此孪生能够产生的总变形量也比较小。如在锌晶体中当全部晶体沿{012}面转变成孪晶时,最大的伸长量仅为7.39%。在塑性流动中孪生的重要作用并不在于通过孪生过程产生应变,而在于孪生引起取向的改变,使新的滑移系处于相对应力轴有利的取向位置,结果引起另外的滑移系发生。

5.3.5 多晶体塑性流动

金属点阵结构多是由不同取向的晶粒结合而成的,有着结合的晶界。因此,其塑性流动应该由两部分组成:晶内流动和晶间流动。晶内流动以滑移、孪生为主,而晶间流动取如下多种机制。

5.3.5.1 晶粒转动和移动

多晶体流动时,由于晶粒取向不同,流动难易程度也不同,这样相邻晶粒产生一个力偶,使其晶粒转动,缓解晶粒流动不均匀性。另外,当使其晶粒滑动时的剪切力达到晶界强度时,晶粒结合被破坏,引起晶粒间相互移动。无论转动还是移动均是一种晶内流动的协调机制。应该说,有利于晶内流动的扩展,但晶间联系的破坏又可能产生微裂纹,必须在随后的流动过程自行修复。

5.3.5.2　黏滞性晶间流动

沿晶界黏性滑动有两个特点:(1)必须有延续时间,以便实现沿应力梯度方向的扩散;(2)黏性滑移终止在几个晶粒边界交汇处。因此,这种流变行为依时很强,以后讨论"超塑性"和"蠕变"时将涉及这一内容。

总之,多晶体塑性流动是一个很复杂的冶金学现象,其中有流动过程实现条件、影响因素及其伴随着流动物体组织性能改变等,均必须予以关注。

5.3.6　合金的塑性流动

5.3.6.1　单相固溶体合金的塑性流动

单相固溶体组织与纯金属(多晶体)相似,区别在于溶质原子与晶体中位错相互作用,造成晶格畸变而增加滑移阻力。另外,异类原子趋向于分布在位错附近,减少位错附近晶格的畸变程度,使位错易动性降低,亦使得滑移阻力增大[4]。

5.3.6.2　多相合金的流动

此处仅讨论第二相是脆、硬化合物的合金流动特点[4]。

(1)第二相呈连续网络分布于晶粒边界。滑移仅发生在基体晶粒内部,晶界网络一旦流动,必产生应力集中,导致过早断裂。

(2)第二相呈弥散质点分布与晶内。第二相质点呈弥散分布,强化基体,使晶格畸变,从而增加了滑移阻力。另外,质点存在,成为位错的障碍物。若质点为软相,质点被位错切割而流动;若质点为硬相,位错不能直接越过第二相质点,但在外力作用下,位错线可以环绕第二相质点弯曲,最后在质点周围留下一个位错环而让位错通过。使位错线弯曲将增加位错影响区的晶格畸变,增加位错移动的阻力,使滑移阻力增加。

(3)第二相在基体相晶粒内部呈层片状分布。其流动机制与(2)相似。由于呈片状分布,对基体晶粒内部连续性造成损害,因而滑移阻力有所增加。

5.4　自由流动理论——最小阻力定律

在研究简单不均匀流动时,应该把自由的简单不均匀流动和限定的简单不均匀流动区别开来。这里可能有两种情况[5]。

(1)所有三个特性流动都被变形工具所形成的空间的尺寸所规定。例如把金属拉过圆形孔或矩形孔时,所有三个流动都被圆形孔的直径或矩形孔的高度和宽度所限定。这样的简单不均匀流动就是限定的简单不均匀流动。

(2)只有一个特性流动被工具所形成的空间的尺寸所限定。例如把条料拉过自由旋转的轧辊或者进行轧制时,只有一个高度变形是限定的,它由轧辊形成的缝隙的高度来确定而其余两个流动的大小是不确定的。不由尺寸所限定的流

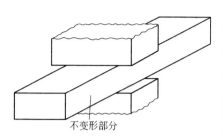

图 5 - 13 具有不变形部分的镦粗

动可以叫做自由流动。其特点:它们的全部外缘或者至少是部分外缘,在沿一个特性轴的方向上不受外加载荷的作用。例如第一种情况发生于自由镦粗时。而第二种情况则发生于带有不变形部分的镦粗时,这种不变形部分阻碍着自由流动平面与不变形部分毗连的单元的展宽(图 5 - 13)[5]。

5.4.1 均匀流动

均匀流动的特征是:位移是坐标的线性函数,而且相对应变是一常数。研究自由镦粗时,其均匀流动表现为[5]:位于自由流动平面内的物体断面形状在整个均匀流动过程中保持相似。均匀流动的自由变形平面乃是等变形平面。均匀流动物体内不同点的运动轨迹投影到自由形变平面上就形成了很多直线线段,它们是从自由变形平面的一个中心点引申出来的。各点位移在自由变形平面上的投影总和给出了塑性流动运动学的概念,因此可以叫做流动的运动学图形。例如在自由镦粗直角平行六面体时,则平行六面体在自由形变平面内的断面始终是相似矩形,而各点的位移在自由形变平面上的投影具有图 5 - 14 所示形式[5]。

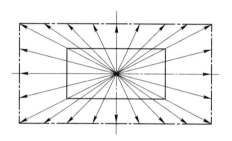

图 5 - 14 塑性流动投影图形

5.4.2 不均匀流动

自由变形理论的目的是要确定:

(1)自由特性变形彼此之间的比值,例如在轧制时或分段锻造条料时延展与展宽之比;

(2)流动的运动学图形;

(3)由于不均匀变形,位于自由变形平面内的断面所得的形状。

自由流动的理论基础是最小阻力定律:当物体各点在不同方向移动时,物体的每一点都在最小阻力方向上移动。当在自由流动方向上存在固体物质的流动阻力时,最小阻力定律就能确定自由流动平面内横截面形状的变化。这种阻力是由物体不流动部分的接触摩擦的影响引起的。

5.5　流动性及影响因素

5.5.1　固体的流动性

固体的流动性应理解为它在压力下充满工具的工作空腔和重现这个空腔的能力。不难理解,流动性与塑性、变形性和变形黏性很少有共同之处。实际上流动性是金属变形抗力的特征之一[2,3]。

流动性测定:把 $\phi20mm \times 25mm$ 的圆柱体试样放在中心有 $\phi5mm$ 的孔的砧子上(图 5-15)[5],然后镦粗试样(表 5-1)[5]。

表 5-1　各种金属流动性的确定

金属	载荷 P/N	变形程度 $\dfrac{H-h}{H} \times 100\%/\%$	流入深度 D /mm	流动性 $m = \dfrac{D}{P} \times 100\%/\%$
铅	20000	54	2.4	1.20
锡	20000	42	0.7	0.35
	85000	76	6.75	0.84
铝	85000	44	1.2	0.14
	40000	76	5.4	0.135

由表 5-1 可知,具有最大流动性的是铅,然后是锡,最后是铝。

流动性取决于函数 $m = \varphi(\tau_s, \mu)$,它取决于金属的变形抗力 τ_s 和摩擦系数 μ。金属的变形抗力又取决于变形程度、硬化强度和静水压力。

抗力、硬化强度、静水压力对变形抗力的影响和外摩擦系数越小,则流动性越大。流动性可以理解为规定变形程度下金属流入 1mm 深度时的载荷数值的倒数。这样,流动性为:

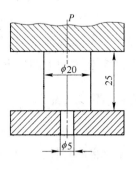

图 5-15　流动性实验图

$$m = \frac{D}{P} \times 100\% \qquad (5-14)$$

式中　D——流入深度,mm;

　　　P——规定变形程度下的外力,N。

流动性越大,模膛和孔型型槽的形状重现得越好。但是流动性越大,金属越容易流入间隙和不紧密处。设在凹模与容器之间有间隙如图 5 – 16 所示[5],且金属具有很高的流动性,这可由变形抗力很小、硬化强度微小、但摩擦系数很高来表征。这时,由最小阻力定律可知,金属将被挤入环形间隙,而不挤入凹模型腔。

流入间隙的金属呈楔形。金属向环形间隙的填充与其曲率半径的增加有关。后者意味着在切线方向的伸长。由于制件的宽度保持不变和体积不变条件,制件就具有楔形。由于毛边呈楔形,在金属与形成间隙的表面之间实际上没有摩擦。结果,金属将十分自由地被挤入环形间隙,因而还在很大程度上使金属进入凹模型腔变得困难。

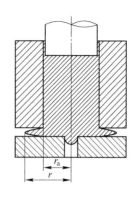

图 5 – 16　金属流入间隙图

5.5.2　影响流动性的因素

流动主要取决于材料的流动应力和加工时金属与工具接触面上的摩擦条件,以下重点讨论影响金属流动应力大小的因素。

5.5.2.1　静水压力对流动性的影响

静水压力对流动应力的影响通常出现在下述情况[2]。

(1)阻止合金在塑性流动过程中的脆化过程。合金愈倾向于脆性状态,静水压力影响愈显著,即流动应力增加。

(2)合金的流变行为与黏性 – 塑性体的行为一致。对于黏性体,变形速度和静水压力对流动应力影响是流变行为的标志。对于黏性 – 塑性体来说,这些标志也会出现,并且出现程度愈大,物体的黏性愈明显。在一定的温度、速度下(特别是温度接近熔点而变形速度不大时),合金的流变行为与黏性 – 塑性体的流变行为一致。此时,塑性扩散机理起重要作用。同时,热振动强度很大,原子在滑移面内移动的有序性被破坏,使原子从一个稳定位置向另一个稳定位置顺序转换变得困难。由于静水压力作用,可以期待空位数减少,塑性流动变得困难,特别是实现流动时间不够的情况下。

因此,静水压力增大,使其合金流动应力增大。

5.5.2.2　应变速率对流动性能的影响

应变速率定义为 $\dot{\varepsilon} = \mathrm{d}\varepsilon/\mathrm{d}t$,现有应变速率范围在表 5 – 2 中列出[3]。

图 5 –17 表明,提高应变速率也就提高了拉伸强度,而且强度对应变形速率的相关性随着温度的提高而加强。塑性应变程度和流动应力对应变速率的相关性比拉伸强度要大。在普通加载速率下显现不出屈服点的低碳钢,以高应变速

率试验可以使屈服点出现[3]。

表 5 - 2　应变速率谱

应变速率范围/s⁻¹	试验条件或类型
$10^{-8} \sim 10^{-5}$	恒定载荷或应力下的蠕变试验
$10^{-5} \sim 10^{-1}$	用液压或螺旋传动的试验机做静拉伸试验
$10^{-1} \sim 10^{2}$	动态拉伸或压缩试验
$10^{2} \sim 10^{4}$	用冲击棒进行的高速试验(必须考虑波传播效应)
$10^{4} \sim 10^{8}$	用气枪或爆炸驱动的射弹进行的超高速冲击(冲击波传播)

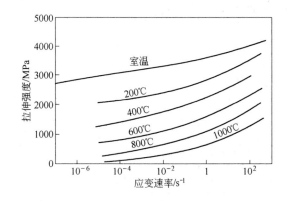

图 5 - 17　在不同温度下,应变速率对钢的拉伸强度的影响

5.5.2.3　温度对流动性能的影响

拉伸试验得出的应力 - 应变曲线、流动和断裂特性与进行实验时的温度密切相关[2]。一般来说,随着温度的提高,强度降低而塑性提高。然而,在一定的温度范围内可能发生诸如沉淀作用、应变时效或再结晶等组织变化,从而改变这种一般情况。当温度升高时热激活过程可促进流动并降低强度。在高温条件下并(或)长期受力作用,会发生组织变化,导致与时间有关的变形,即蠕变。

5.5.2.4　接触摩擦对流动性的影响

在塑性加工中,接触摩擦(指金属与工具接触表面上,组织金属流动产生的力)对多数流动形式有不利影响[2]。由于流动过程是在高压、高温下进行,摩擦存在,引起流动应力增加、不均匀流动的出现。由于毛坯与工具黏着,发生金属转移等,增加了金属流动的困难。

(1)摩擦引起流动应力增加。接触摩擦存在,为克服摩擦阻力,需要消耗更多的功来克服它,这就提高了流动应力,增加了能量消耗。在某些情况下,所需功要增加 5 ~ 8 倍,甚至到 10 倍,通常也要增加 1 ~ 2 倍[2]。

（2）摩擦引起流动不均。由于接触摩擦存在,在有摩擦力作用下的工具的流动表面附近会造成难以流动的体积,结果变形物体的体积就被分成不同变形程度的几个体积,引起应力状态不均匀性和残余应力出现。

因此,摩擦存在大大增加了流动阻力,是要想办法克服的。

5.6 典型的流变过程分析

5.6.1 镦粗

5.6.1.1 圆柱体镦粗过程流动应力应变分析

镦粗是指用压力使坯料高度减小而直径(或横向尺寸)增大的工序。现以圆柱体镦粗为例,分析其流动行为。为此,采用铅做成一个中间剖分的圆柱体试样,画上坐标网格,如图5-18所示。

（1）Ⅰ区为难变形区,呈一个圆锥体状,受三向压应力状态。

（2）区域Ⅱ是大变形区,它处于上下两个难变形锥体之间(外围层除外)。这部分受接触摩擦影响已较小,因而水平方向上受到的压应力较小,单元体主要在轴向力作用下产生很大压缩流动,径向有较大的扩展。由于难变形锥体的压挤作用,坐标网还有向上弯曲,这些流动的综合,就形成了鼓形。

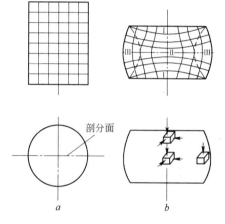

图5-18 圆柱体镦粗流动示意图

（3）区域Ⅲ是外侧的筒形区部分,称小流动区。它的外侧是自由表面,受端面的摩擦影响又小,因而应力状态可看成近似于单向压缩。同时又受到区域Ⅱ的扩张作用,因而纵向坐标线呈凸肚状,但总的变形不大。图5-19为不均匀镦粗时的应变分布,可以看出Ⅰ区应变极小,Ⅲ区应变稍大,大变形Ⅱ区在中心应变达到 $e = 1.4$ (e 为真实应变, $e = \ln\dfrac{h_1}{h}$),是平均应变($e = 0.6$)的2.3倍。

对于高度较低的坯料,上下难变形区相重叠,不存在大变形Ⅱ区,这时流动主要在Ⅰ区进行,但增加了流动应力。若摩擦系数较大时,接触面上摩擦阻力的影响达到中心区,则出现"制动区",毛坯的接触端面便出现两个区,即中心的制动区和外围的滑动区。当摩擦系数 $\mu \geq 0.5$ 时,接触表面全是制动区,这时端面增大全由侧表面的金属翻转而成。图5-20为圆柱体镦粗流动时的应力、应变分布。

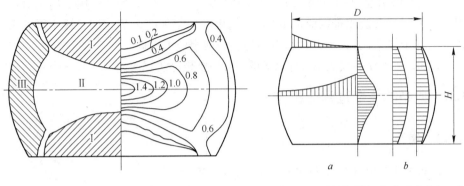

图 5－19　不均匀镦粗流动时的
应变分布

图 5－20　圆柱体镦粗流动时应力(a)和
应变分布(b)

5.6.1.2　圆柱镦粗流动时流动应力的计算

圆柱体金属周对称，可用切块法（或主应力法）求解。其应力分布如图 5-21 所示，主要步骤如下：

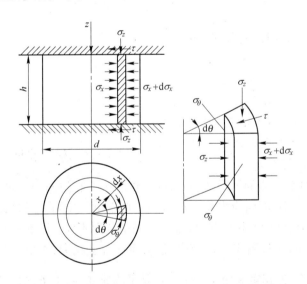

图 5－21　圆柱体镦粗时按切块法受力分析示意图

（1）切取基元体，如图 5－21 所示。

（2）列平衡方程：

$$\frac{\mathrm{d}\sigma_\rho}{\mathrm{d}\rho} + \frac{2\tau}{h} + \frac{\sigma_\rho + \sigma_\theta}{\rho} = 0 \tag{5-15}$$

假设 $\sigma_\rho = \sigma_\theta$，有：

$$\frac{d\sigma_\rho}{d\rho} + \frac{2\tau}{h} = 0 \tag{5-16}$$

（3）代入边界摩擦条件 $\tau = \dfrac{\sigma_s}{2}$ 或 $\tau = \mu\sigma_s$，得：

$$\frac{d\sigma_\rho}{d\rho} = -\frac{\sigma_s}{h} \quad 或 \quad \frac{d\sigma_\rho}{d\rho} = -\frac{2\mu\sigma_s}{h} \tag{5-17}$$

（4）屈服准则：$\sigma_z - \sigma_\rho = \sigma_s$，有：

$$\frac{d\sigma_z}{d\rho} = -\frac{d\sigma_\rho}{d\rho}$$

代入平衡方程得：

$$d\sigma_z = -\frac{\sigma_s}{h}d\rho \quad 或 \quad d\sigma_z = -\frac{2\mu\sigma_s}{h}d\rho \tag{5-18}$$

积分上述两式得：

$$\sigma_z = -\frac{\sigma_s}{h}\rho + C \quad 或 \quad \sigma_z = Ce^{-\frac{2\mu}{h}\rho} \tag{5-19}$$

依边界条件，求积分常数：

当 $\rho = \dfrac{d}{2}$，$\sigma_\rho = 0$ 按屈服条件有 $\sigma_z = \sigma_s$，得

$$C = \sigma_s + \frac{\sigma_s}{h}\cdot\frac{d}{2} 或 C = \frac{\sigma_s}{e^{-\frac{2\mu}{h}\rho}} \tag{5-20}$$

（5）求接触面上的压力分布。将式（5-20）代入式（5-18）得：

$$\sigma_z = \sigma_s\left[1 + \frac{1}{h}\left(\frac{d}{2} - \rho\right)\right] \quad 或 \quad \sigma_z = \sigma_s \exp\frac{2\mu(0.5d - \rho)}{h} \tag{5-21}$$

（6）求总变形力。

$$P = \int_0^{0.5d} \sigma_z 2\pi\rho d\rho = \frac{\pi d^2}{4}\sigma_s\left(1 + \frac{d}{6h}\right) \quad 或 \quad P = \frac{\pi d^2}{4} 2\sigma_s\frac{h^2}{\mu^2 d^2}\left(e^{\frac{\mu d}{h}} - 1 - \frac{\mu d}{h}\right) \tag{5-22}$$

（7）求平均流动应力。

$$p = \sigma_s\left(1 + \frac{d}{6h}\right) \quad 或 \quad p = 2\sigma_s\frac{h^2}{\mu^2 d^2}\left(e^{\frac{\mu d}{h}} - 1 - \frac{\mu d}{h}\right) \tag{5-23}$$

将式（5-23）的 $e^{\frac{\mu d}{h}}$ 展开取前 4 项，并代入得：

$$P = \sigma_s\left(1 + \frac{\mu d}{3h}\right) \tag{5-24}$$

两式的区别在于：前者考虑边界摩擦极大（$\mu = 0.5$），而后者考虑摩擦较小的情况，如冷镦。

5.6.2　开式模锻

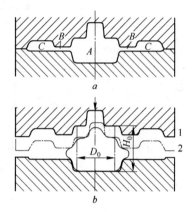

开式模锻具有模膛和飞边两部分。当上下模闭合时,一方面金属流向模膛以充满成型,另一方面多余金属流出模膛,成为飞边,如图 5 - 22 所示。其流动过程的关键在于:当填充阻力小于流向飞边的阻力,则金属流向模膛。某一时刻,填充阻力增大至大于流向飞边阻力,金属便流向飞边。由于随着上模下移,飞边减薄,流向飞边的阻力增大,以至于大于充填阻力,故金属改向流入模膛,保证模膛完全充满。

图 5 - 22　开式模锻示意图

5.6.3　正挤压

5.6.3.1　流动特点

正挤压应力状态是三向受压,其流动特点如图 5 - 23 所示[6]:

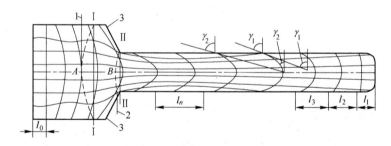

图 5 - 23　正挤压实心件时的网格变化
1—压缩变形区开始;2—压缩变形区结束;3—弹性区(死角)

(1)大部分网格弯曲。挤出部分横向(与轴线垂直方向)弯曲厉害,即由于摩擦影响,边界金属滞后中心部分。而挤出部分的端部,横向弯曲不大,说明变形不大,即受摩擦影响较小。横向坐标间距逐渐增加,即 $l_2 > l_1$、$l_3 > l_2$,说明拉伸流动愈来愈大。

挤出部分除拉伸流动,还有剪切流动,所以中心部分网格近似矩形,而边部呈歪曲状。剪切角 γ 越接近外层,其值越大,而挤出端部 γ 角小,以后逐渐增大($\gamma_2 > \gamma_1$)。

(2)在凹模中的网格亦发生弯曲。横向坐标线在凹模附近不弯曲,弯曲度向凹模口逐渐增加,说明摩擦及模具形状对流动影响在增加。图中 $A-B$ 为压缩流动区,向凸模方向呈凸形。Ⅰ-Ⅰ是塑性流动边界。

(3)塑性流动区($A-B$)的特点。中心流线基本是直线,而近周边上金属质点的流线开始和中心平行,随后沿着凹模内壁弯曲直到凹模出口处流线又和凹模轴线平行,因此变形区内,金属质点沿着流线流动时速度大小、方向均不同。

(4)真实等效变形程度分布。在挤压过程中,真实等效变形程度考虑了三个方向的伸长、压缩和剪切流动,依视塑性实验结果,在凹模口处断面上,周边上的真实等效流动程度比中心大。

(5)"死角区"。在凹模出口附近的体积3,不参与流动,称为"死角区"。

5.6.3.2 影响因素

(1)摩擦影响。图5-24为三种摩擦状况影响网格变化图[6]。第1种流动均匀,塑性流动区集中在凹模附近,"死角区"较小;第2种塑性流动区扩大到整个体积,横向坐标网线在整个凹模内发生弯曲,"死角"高度增加;第3种,网格强烈扭曲,"死角"高度大增。

(2)凹模入口角影响。图5-25给出了不同凹模锥角对金属流动的影响[6]。可以看出,$\alpha=30°$时金属流动均匀。随着

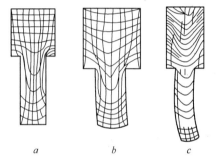

图5-24 正挤压金属流动三种情况
a—摩擦较小;b—摩擦中等;c—摩擦较大

入口角增大,塑性流动区逐渐扩大,挤出金属外层和中心层变形程度差别也增大,"死角区"也相应增加。当 $\alpha=180°$,塑性流动区及不均匀性达最大。

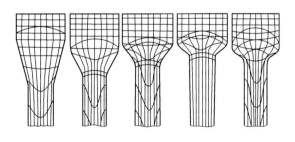

图5-25 凹模中心锥角 α 对金属流动的影响

(3)变形程度的影响。表5-3给出了不同变形程度对流动的影响,增加变形程度,将增加挤出金属对流动的影响。增加变形程度,将增加挤出金属横向坐标的弯曲度[6]。

表5-3　变形程度对正挤压金属流动的影响

应变 $\ln\dfrac{d_0}{d_1}$	金属流动图形	应变 $\ln\dfrac{d_0}{d_1}$	金属流动图形
0.94		2.41	
1.39		2.77	
1.97			

其次,毛坯尺寸和形状、变形速度和金属性质均对正挤压流动有着影响,但主要因素为上述三种。

参 考 文 献

[1]　Г. Я. 古恩. 金属压力加工理论基础[M]. 赵志业,王国栋译. 北京:冶金工业出版社,1989.

[2]　С. И. 古勃金. 金属塑性变形(第二卷)[M]. 高文馨,康源直译. 北京:中国工业出版社,1965.

[3]　G. E. 迪特尔. 力学冶金学[M]. 李铁生等译. 北京:机械工业出版社,1986.

[4]　吕炎. 锻件组织性能控制[M]. 北京:机械工业出版社,1988.

[5]　С. И. 古勃金. 金属塑性变形(第一卷)[M]. 张斋译. 北京:中国工业出版社,1963.

[6]　卢险章. 冷锻工艺与模具[M]. 北京:机械工业出版社,1999.

6 半固态合金加工流变学

6.1 引言

6.1.1 半固态合金奇异流变现象

20 世纪 70 年代美国麻省理工学院的 Flemings 教授等人开发出了一种崭新的金属成型方法,称为半固态加工技术。在 Flemings 的一篇论文中报道,金属材料在凝固过程中加强烈的搅拌,可以打碎金属凝固形成的枝晶网络结构,形成近球状的固相颗粒,得到一种液态金属母液中均匀悬浮着一定颗粒状固相组分的固液(固相组分一般为 50%)混合浆料,此时的半固态金属具有优良的流变性。因而,易于用常规加工技术如压铸、挤压、模锻等实现成型。采用这种既非液态又非完全固态的金属浆料加工成型的方法,称为金属的半固态成型技术[1~5]。

这一新的成型方法综合了凝固加工和塑性加工的长处,即加工温度比液态低,变形抗力比固态小,可一次大变形量加工成型形状复杂且精度和性能质量要求较高的零件,所以半固态加工技术被称为 21 世纪最有前途的材料成型加工方法。

6.1.1.1 高黏度与"剪切变稀"行为

"剪切变稀"效应乃是半固态金属最典型的非牛顿流动的特性,对半固态加工具有重要的应用意义。当静止时,半固态金属具有固体性质,其表观黏度很高,致使具有一定外形,并且可搬运;当在剪切应力作用下,半固态金属表观黏度大大下降,使其充填能力大大提高,在低流动应力下充填模腔,降低能耗,降低模具磨损。

6.1.1.2 半固态金属的触变性

半固态合金的黏度除了受切变速率影响外,还与温度、压力和切变时间有关。恒定剪切速率的黏度与时间的依赖关系在流变学中称为材料的触变性 (Thixotropy)。材料的触变特性可用剪切速率逐步增大接着逐步减小时所连续记录的 $\tau - \dot{\gamma}$ 线来表示,图 6-1 所示为 Joly 等人测得的 Sn-15% Pb 合金在 $f_s = 0.4$ 的 $\tau - \dot{\gamma}$ 回线[6]。从图 6-1a 中可以看出,上升时间 t_u 越长,回线所包围的面积越小;由图 6-1b 中可以看出,静置时间 t_r 越长,回线所包围的面积越大。以上现象可以用颗粒团聚与颗粒分离来解释。当颗粒聚集在一起时,表观黏度增加,剪切应力增大;当颗粒分离独自悬浮在液体中时,表观黏度减小,剪切应力减小。颗粒的团聚与分离是需要时间的,静置时间越长,颗粒聚集越充分,相应的剪切力就越大,回线的面积也大;上升时间越长,颗粒团聚被破坏得越严重,相应的剪切力也越小,回线的面积也小[1,2]。

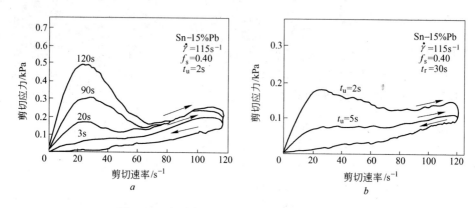

图 6-1   半固态 Sn-15%Pb 合金的 τ-$\dot{\gamma}$ 回线

6.1.1.3　半固态合金流变成型与触变成型

流变成型是将搅拌获得的半固态金属浆料在保持其半固态温度的条件下直接进行压铸或挤压成型的工艺方法,通常被称为流变成型(Rheoforming),如图 6-2 所示[7]。该工艺方法中,由于直接获得的半固态金属浆料的保存和输送很

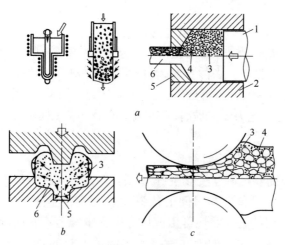

图 6-2　流变锻造成型工艺流程图

a—挤压;b—锻造;c—轧制

1—冲头;2—挤压筒;3—液相;4—固相;5—凹模;6—制件

不方便,在实际应用中受到很大限制,因而实际应用较少。但该方法避免了半固态坯料的处理,可以在真空或可控的气氛内进行加热和浆料注入,对于高温下易氧化合金(如钢)的半固态加工具有明显的优点。P. Kapranos 等人直接在压铸注射腔内用电磁搅拌的方法制备半固态合金浆料,而后将其挤入模具型腔内成型。用此方法制成的铝合金件的力学性能比液态挤压铸件的高,与半固态触变成型件的性能相当[7]。

　　触变成型是指将已经制备好的具有近球状晶粒组织的金属锭坯切成规定长度的料,加热至半固态,然后将其放入压室或锻造模内加压成型。由于半固态金属锭坯的加热和输送方便,并易于实现自动化操作,因此半固态金属触变压铸(Thixodie - casting)和触变锻造(Thixoforging)是当今半固态合金生产的主要工艺方法。根据成形设备的不同,半固态触变锻造又分为触变挤压、触变模锻和触变轧制,如图6 - 3所示[7]。触变成型工艺可以制备复杂形状的工业零件,这些零件比压铸件有更高的力学性能,并且比锻造配以机加工的方法生产出的零件成本低。触变成型件的高性能可归功于触变成型材料的高黏度和低的凝固收缩[7]。

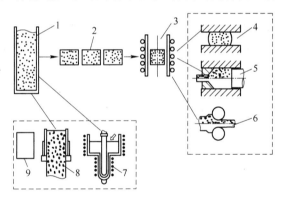

图6 - 3　触变成型工艺流程图
1—凝固;2—坯料;3—加热;4—锻造;5—挤压;6—轧制;7—机械搅拌;
8—电磁搅拌;9—应变诱导 - 熔化激活法

6.1.2　半固态合金加工流变学的研究内容

　　半固态合金加工流变学分宏观流变学和微观流变学,主要研究与半固态材料加工工程有关的理论与技术问题,诸如研究工艺改变与产品性能及流动性质之间的关系,流动性质与材料内部组织结构及组分之间的关系,加工成型过程中异常的流变现象发生的规律及其机理,半固态金属材料典型加工操作单元过程的流变学分析、流变性规律以及模具与机械设计中遇到的各种与材料流动性与传热性有关的问题。半固态材料在成型过程中加工应力场与温度场的作用决定了制品的外观形状和质量,是决定半固态材料最终结构和性能的中心环节。流变学设计已成为半固态材料设计、制品设计以及模具与机械设计的主要组成部分[8,9]。

　　半固态金属材料加工流变学的研究内容又可分为基础研究和应用研究两大方面,前者侧重于流变行为机理及表征的研究,后者侧重于流变学在加工成型工艺过程调控和模具设计中的应用。这两者相互之间联系十分紧密,基础研究提供的流变模型将为模具和设备的设计以及最佳工艺条件的确定提供理论基础,而应用研究的问题又为基础研究的进展提供了丰富的素材和内容[10]。

6.2　半固态合金加工流变模型

6.2.1　非牛顿体

　　凡是流动性不能采用牛顿黏性定律来描述的流体统称为非牛顿体。其基本特征是:在一定温度下,其剪切应力与剪切速率不成正比关系,其黏度不是常数。为了表征非牛顿体黏度,常采用表观黏度 η_a 来表示。

6.2.1.1　广义牛顿流体

　　和应力历史无关的非牛顿流体统称为广义牛顿流体,它包括伪塑性体(或假塑性体、拟塑性体)、膨胀性流体和宾汉流体。

　　(1)伪塑性体。在定常态(或称稳态)剪切流动中,其表观黏度随剪切速率增加而减小(剪切变稀),如图6-4所示曲线 P[10]。

　　由于在剪切流动过程中,流动体系结构发生重构的变化,如图6-5的曲线 P 所示[10],其流动曲线偏离起始阶段部分,可看作类似塑性流动的特征。尽管

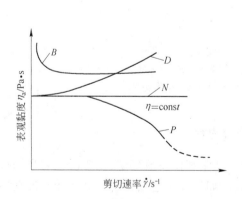

图6-4　广义牛顿流体黏度对剪切速率的
依赖关系

B—宾汉流体;P—伪塑性流体;
D—膨胀性流体;N—牛顿流体

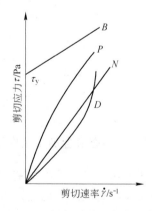

图6-5　广义牛顿流体的
流动曲线

B—宾汉流体;P—伪塑性流体;
D—膨胀性流体;N—牛顿流体

曲线 P 没有屈服应力,但曲线的切线不通过原点,与纵轴相交于某一 τ 值,又好像有一个屈服值,故称伪塑性体。大多数半固态金属浆料属于这类流体。

(2)膨胀性流体。在定常剪切流动中,其黏度随剪切速率增加而增加(剪切变稠,如图6-4中的曲线 D)。没有屈服值,如图6-5中 D 曲线所示。产生膨胀性的原因,可用分散中粒子堆砌紧密程度来解释。当粒子处于静止状态时,充填最紧密,其空隙率为25.95%,液体充填粒子间空隙;在小应力下流动时,液体润滑了粒子而滑动;在剪切力增大时,空隙率为47.64%,这时原来包覆粒子表面的液层流入粒子间空隙,有一部分粒子表面便失去了液层,造成了流动阻力增加。膨胀性流体的流动模型如图6-6所示[8]。

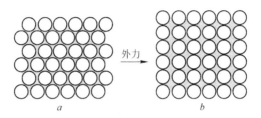

图6-6　膨胀性流体的流动模型

a—最紧密充填空隙率25.95%;b—最疏排列空隙率47.64%

(3)宾汉流体。存在一屈服应力 τ_y,当剪切应力低于 τ_y 时,流体静止不动,并有一定刚度;当达到 τ_y 时,流体开始流动;流动后,剪切应力与剪切速率呈线性关系增加;但也有的呈非线性关系增加,统称为广义宾汉流体或塑性流体。

6.2.1.2　依时性非牛顿流体

应力不仅同变形速率有关,同时还与时间有关,包括触变流体和震凝流体,如图6-7所示[10]。

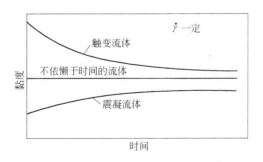

图6-7　依时性非牛顿流体的黏度-时间曲线

(1)触变流体。在恒定剪切速率下,其表观黏度随着剪切作用时间增加而降低[10]。亦有文献指出,触变流体指在等温条件下,流动黏度随着外力作用时间增加而降低[9]。还有文献这样定义:在剪切作用下,合金浆料的表观黏度随时间的延长而减小,称触变体[11]。

　　对于触变流体,影响其表观黏度大小的主要是剪切速率和剪切时间,因此,第一种定义更确切些。度量半固态金属触变性有3种方法[11]:1)在某一剪切速率下,表观黏度降低至稳态黏度的差值,其值愈大,触变性愈大;2)在某一剪切速率下,剪切流动至稳态黏度,然后停止剪切(搅拌),由稳态黏度恢复至初始剪切瞬间黏度的时间,其时间愈长,触变性也愈大;3)"迟滞回线"包围的面积,其面积愈大,触变性愈大(如图6-1所示)。

　　一般来说,流体黏度变化同流体本身结构变化有关。因此触变效应的产生、流体内部的结构破坏亦可能由破坏速率大于修复速率所致。

　　为了进一步说明触变与外力作用时间的依赖关系,下面以图6-8a为例进行说明[9]。

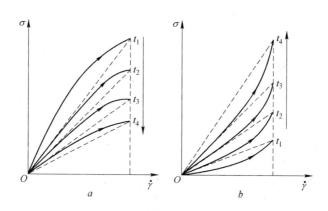

图6-8　与流变时间相关的非牛顿流体的流变图
a—触变流体;b—震凝流体

　　在第一循环中(t_1),当剪切速率上升时,流体中某种结构因剪切遭到破坏,表现出"剪切变稀"的性质,流动曲线与伪塑性体相似。然后令剪切速率下降至零,由于流体内结构恢复缓慢,以致上升曲线与回复曲线不重合,回复曲线为一直线,类似牛顿流体。继而进行第二循环(t_2),结果发现流体内结构尚未恢复,因此第二循环上升曲线不能重复第一循环的上升曲线,反而与第一循环回复直线相切,出现一条新的伪塑性体曲线。剪切速率下降时,又沿一条新的直线回复,形成一个个滞后圈。而外力作用时间越长($t_4 > t_3 > t_2 > t_1$),材料黏度越低,表现出触变性。

　　由以上分析可知,触变流体实际上亦是一个伪塑性流体,只不过前者有依时性。

（2）震凝流体。在恒定剪切速率下,其表观黏度随剪切时间的增大而增大（图 6 - 8b）。

6.2.2 表征半固态合金浆液流动的方法

6.2.2.1 流动曲线

半固态金属浆液流动曲线有两种形式,一种是剪切力与剪切速率的关系曲线,另一种是表观黏度对剪切速率的依赖性曲线。前者如图 6 - 5 所示,后者如图 6 - 4 所示。图 6 - 9 为浓悬浮体黏度对剪切速率典型的依赖曲线图。

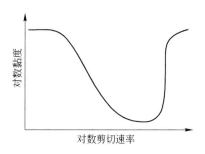

图 6 - 9 浓悬浮体流动曲线示意图

由图 6 - 9 可见,流动曲线可划分为 4 部分:（1）低剪切速率,流体显示牛顿体流动,黏度等于零剪切速率(η_0),显示第一平台。这种零剪切黏度不能直接测定,而是作为剪切速率的函数,以黏度值外推得到,$\eta_0 = \lim_{\dot{\gamma} \to 0}(\dot{\gamma})$。（2）在中等剪切速率下,其流体显示剪切变稀的幂律区。（3）在很高的剪切速率下,显示第二平台。为另一种牛顿流动,其黏度为 η_∞（无限剪切速率黏度）。（4）黏度在第二平台上增加。实际上,（3）、（4）均很难出现,流体在极高剪切速率下,会引起降解,或者流场不稳定,很难测定。

6.2.2.2 幂律方程

实验发现,半固态合金浆料或者许多高分子浓溶液（熔体）在通常加工过程的剪切速率范围内（大约 $\dot{\gamma} = 10^0 \sim 10^3 \mathrm{s}^{-1}$）,剪切应力与剪切速率满足如下经验公式（Ostwald – de Walet 提出）:

$$\tau = m\dot{\gamma}^n \tag{6-1}$$

或

$$\eta_a = \tau / \dot{\gamma} = m\dot{\gamma}^{n-1} \tag{6-2}$$

式中　τ——剪切应力,Pa;

$\dot{\gamma}$——剪切速率,s^{-1};

η_a——表观黏度,Pa·s;

m——幂定律因数,$\mathrm{Pa \cdot s}^n$;

n——幂定律指数,在一定温度下 m、n 均为常数。

当 $n = 1$ 时,流体为牛顿体;幂律方程简化为牛顿黏性定律,即 $\tau = \eta_0 \dot{\gamma}$,其

中 $\eta_0 = m$；当 $n < 0$ 时，流体为伪塑性体，具有剪切变稀特点；当 $n > 0$ 时，流体为膨胀性流体。

对式(6-1)取自然对数，得：

$$n = \frac{\mathrm{d}\ln\tau}{\mathrm{d}\ln\dot{\gamma}} \qquad (6-3)$$

6.2.3　半固态浆液流动模型

6.2.3.1　伪塑性流动模型

针对半固态金属的流变特性，许多研究者[8,9]获得如下的研究结果：

(1)在变温非稳态时，半固态金属呈牛顿流体特征(固相体积分数 $f_s < 0.2$)、伪塑性流体特征($f_s < 0.4$)和宾汉流体特征($f_s > 0.4$)。

(2)在等温稳态流变条件下，半固态金属具有伪塑性流体的流变特性。

(3)对半固态 Al-Si 合金，当 $\dot{\gamma} = 10^{-3} \sim 10^3 \mathrm{s}^{-1}$，固相体积分数为 0.55，在稳态下其流变行为表现为伪塑性流动。流动规律用幂定律描述，幂定律指数为 -0.06。

(4)在瞬态下，幂定律指数为 0.25 ~ 0.3。

上述结论均在实验室条件下，剪切速率较小($\dot{\gamma} < 10^3 \mathrm{s}^{-1}$)的条件下得到。

伪塑性体表观黏度 η_a 从 $\eta_0(\dot{\gamma} = 0)$ 逐渐减小到 $\eta_\infty(\dot{\gamma}$ 达很高)的流变过程，可用流变方程描述[8]：

$$\left. \begin{array}{l} \eta_a = m\dot{\gamma}^{n-1} \\ m = A\exp(Bf_s) \\ n = cf_s + d \end{array} \right\} \qquad (6-4)$$

式中，A,B,c,d 为常数；η_a 为表观黏度，Pa·s；$\dot{\gamma}$ 为剪切速率，s^{-1}；f_s 为固相体积分数，%，m 为幂定律因数，Pa·s^n；n 为幂定律指数。

式(6-4)乃是 Laxmanan 和 Flemings 研究 Sn-15% Pb 合金在平行板黏度计中的流变行为时发现的，Sn-15% Pb 合金固相体积分数为 0.3 ~ 0.6(采用 Scheil 方程计算)，其流变行为依然服从伪塑性体的幂定律模型。

6.2.3.2　触变性流动模型

半固态金属在剪切力作用下，除表现"剪切变稀"伪塑性流动行为外，还兼有触变性流动特征，即依时性。在剪切流动过程中，存在破坏和重建两个过程[12]，这就需要有一段时间来完成。

其触变模型由两个状态方程来描述[12]：

（1）状态方程：

$$\tau = \tau(\dot{\gamma}, \lambda) \qquad (6-5)$$

式中 λ——结构变量参数，$0 < \lambda < 1$。

（2）动态方程：

$$\frac{\mathrm{d}\lambda}{\mathrm{d}t} = g(\dot{\gamma}, \lambda) \qquad (6-6)$$

6.2.3.3 宾汉体流动特性——触变强度

半固态金属剪切流动特征不存在一个门槛值，或称屈服应力。实际上，剪切流动过程中，兼有宾汉体流动特性，存在一个门槛值，达到这个门槛值，就发生"剪切变稀"流动。文献[12]称为有限屈服应力，而文献[13]称为触变强度。

A 触变强度的定义

半固态金属最大的特点是具有触变性。半固态金属之所以具有触变性，是因为其内部具有一定的联结结构，当应力以一定速率作用于半固态物体时，其内部结构不能瞬间改变，而是需要一定的时间来逐渐形成新的结构[12]，这样便形成了在不变应变速率作用下，表观黏度逐渐下降的特性。因此，当发生触变流动时，可以认为半固态金属内部有某种结构遭到破坏，或者认为在外力作用下体系内某种结构的破坏速率大于其恢复速率[12]。具有触变性的物体，当作用在它上面的剪切速率一定时，其表观黏度会随着剪切时间的延长而下将，引起剪切力的不断下降，而当去掉剪切力时，其表观黏度会逐渐恢复到原来的数值[13]。在一定固相率的半固态等温稳态压缩过程中，通常会得到类似图 6 - 10 的真应力 - 真应变曲线，可以看出应力随着应变的增加，应力很快达到一个峰值，随即下降，之

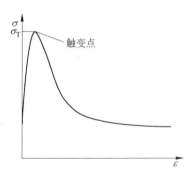

图 6 - 10 半固态金属等温稳态压缩真应力 - 真应变曲线示意图

后达到稳态。结合触变性的含义分析半固态金属等温稳态压缩实验的真应力 - 真应变曲线，可以将此最大正应力值点看作触变点，当达到触变点后，半固态金属内部的原有结构被破坏，导致表观黏度降低而引起应力的降低，即半固态进入触变流动阶段。将触变点对应的应力称为半固态材料的触变强度，记为 σ_T。

B 研究触变强度的意义

触变强度是首次利用力学曲线来描述半固态金属触变流动性能的概念。它是半固态力学理论中可用于确定流体类型的一个重要标志。如果半固态坯料属于宾汉体，则半固态坯料包括塑性体和黏性体（其中忽略弹性体），那么触变强

度为材料的半固态温度下初始黏性力与固相屈服应力之和;如果半固态浆料属于伪塑性体,则此半固态浆料为黏性体(其中忽略弹性体),那么触变强度仅为材料的初始黏性力;如果半固态浆料属于牛顿流体,其黏度不随时间变化,则不存在触变强度。

根据触变性的含义,触变强度是一定范围固相率半固态金属浆料所具有的一个基本性能,它是半固态加工的起始条件,同时也是与对微观组织的要求条件(冶金条件)并列的一个力学条件,只有满足或达到这一条件时,才能开始半固态加工过程。

触变强度概念的提出是半固态力学理论一个全新的开拓,它不同于铸造流变学中的屈服极限剪应力 τ_s 和弹塑性力学中的屈服强度 σ_s,他们是三个学术领域中的不同概念。利用触变强度可以计算半固态加工的成型力,可以区分半固态坯料的流体类型,可以建立半固态加工的一系列力学理论。

6.2.3.4　变量对触变强度的影响

触变强度的大小受很多因素的控制,这些因素可以分为外变量和内变量,外变量包括坯料的加热温度、应变速率和保温时间;内变量包括固相体积分数、晶粒尺寸、晶粒的球形度、材料本身的屈服强度、结构参数等,其中个别的内变量和外变量又是可以互相替代的。下面引用已有的一些不同材料的高固相率半固态等温稳态压缩曲线分别分析各变量对触变强度的影响,对于高固相率半固态坯料,触变强度可以认为是半固态坯料内部固体骨架所能承受的最大正应力。

A　外变量的影响

图 6-11 分别为不同温度下 SiCp/ZA27 复合材料[14]和 MB15 镁合金[15]的半固态等温稳态压缩真应力-真应变曲线,分析得到随着加热温度的升高,触变强度逐渐降低。原因是随着温度的升高,固相颗粒间的液相体积分数逐渐增加,

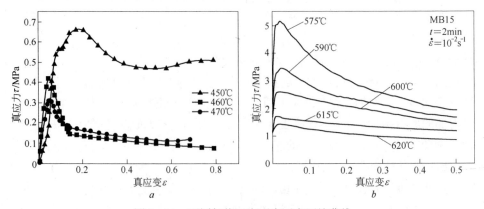

图 6-11　不同加热温度下半固态压缩曲线

a—SiCp/ZA27 复合材料;b—MB15 镁合金

导致压缩时半固态内部的固体骨架变形抗力降低。

图 6-12 分别是不同应变速率下 AlSi7Mg 合金[16] 和 60Si2Mn 弹簧钢[17] 的半固态等温稳态压缩真应力-真应变曲线,分析得到随着应变速率的增加,触变强度逐渐增大。原因是应变速率大时,固相颗粒间相互作用的速度大于液相挤入固相颗粒间而作用于变形的速度,因此固体骨架的变形抗力大,导致触变强度高;当应变速率小时,液相有足够的时间被挤压到固相颗粒间,因此触变强度较低。

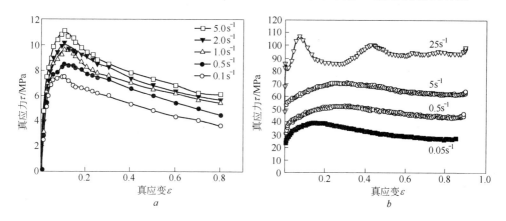

图 6-12 不同应变速率下半固态压缩曲线

a—AlSi7Mg 铝合金;b—60Si2Mn 弹簧钢

图 6-13 分别是不同保温时间下 SiCp/2024 复合材料[18] 和 AZ91D 镁合金[15] 的半固态等温稳态压缩真应力-真应变曲线,分析得到随着保温时间的延长,触变强度逐渐降低。原因是随着保温时间的延长,半固态金属逐渐达到平衡态,液相逐渐增加,同时固相颗粒的球化程度越来越好,因此触变强度降低。

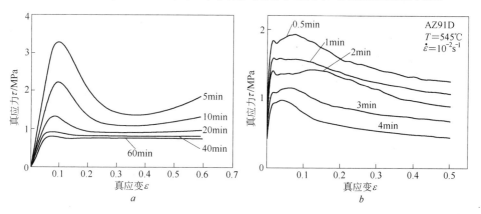

图 6-13 不同保温时间下半固态压缩曲线

a—SiCp/2024 复合材料;b—AZ91D 镁合金

B　内变量的影响

外在的加热温度变化对应内在的固相体积分数变化,固相体积分数 f_s 对触变强度的影响即是加热温度对触变强度的影响,二者是等同的,如图 6 – 14[19] 所示为 A2024 合金固相体积分数对触变强度的影响。

晶粒尺寸 A 是影响触变强度大小的一个不可忽略的因素。图 6 – 15 分别为 AZ91D 合金和 Zr 变质 AZ91D 合金在相同加热温度、应变速率、保温时间条件下的半固态等温稳态压缩真应力 – 真应变曲线[15]。Zr 元素对 AZ91D 合金的作用在于细化晶粒,570℃ 时,AZ91D

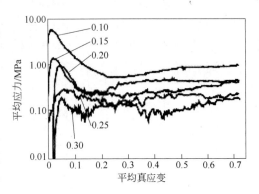

图 6 – 14　A2024 合金固相体积分数
对触变强度的影响

合金的晶粒尺寸约为 50 ~ 80μm, 而 Zr 变质 AZ91D 合金晶粒尺寸约为 20 ~ 60μm[20],可知 Zr 变质后 AZ91D 合金的晶粒尺寸要明显小于 AZ91D 合金的晶粒尺寸。结合图 6 – 15 分析可知,在其他条件相同的条件下,晶粒越细小,触变强度越高。原因是当具有相同固相体积分数时,晶粒大则液相分布相对集中,导致固液相之间的作用容易;晶粒小则液相分布相对分散,固相颗粒间的液相较少,变形不容易。

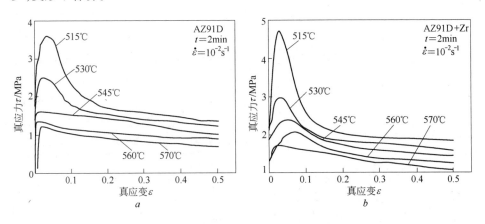

图 6 – 15　外变量均相同半固态压缩曲线
a—AZ91D 镁合金;b—Zr 变质 AZ91D 镁合金

晶粒的球形度 F 是影响触变强度的一个重要内在因素。它一方面可以与保温时间相互对应,另一方面与不同试验方法相对应。事实上,好的晶粒球形度也是非枝晶半固态加工远远优于枝晶半固态加工的根本理由。如图 6 - 16a 所示为枝晶态、挤压态和应变诱导 - 熔化激活法（Strain - induced Melt Activation Process,SIMA）处理后的半固态 A2024 合金的半固态压缩真应力 - 真应变曲线[19],可以看出晶粒的球形度对触变强度的影响,即晶粒球形度越好,触变强度越低。另外,挤压态 LC4(7A04)铝合金和挤压后冷变形态 LC4(7A04)铝合金在600℃保温 5min 时的固相体积分数基本相同,晶粒平均尺寸相差很小,但由于挤压态 LC4(7A04)铝合金内部尚存在一些长径比较大的晶粒而挤压后冷变形态 LC4(7A04)铝合金几乎都是近球形的晶粒,因此挤压后冷变形态 LC4(7A04)铝合金的半固态触变强度低于挤压态 LC4(7A04)铝合金的半固态触变强度[21],如图 6 - 16b 所示。原因是晶粒的球形度越好,晶粒间的内摩擦力越小,直接导致触变强度的降低。

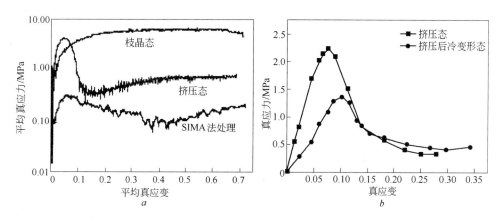

图 6 - 16　晶粒的球形度对触变强度的影响

a—A2024 合金;b—LC4(7A04)铝合金

结构参数 λ 是描述半固态坯料内部固相颗粒结构状态的变量。当所有固相颗粒相互联结时,结构参数为 1,当任意两个固相颗粒之间都没有联结时,结构参数为 0[12]。触变强度随着结构参数的增大而增大。原因是随着结构参数的增加,固相颗粒间的连接面积增大,固相颗粒间的液相分数减少,引起变形抗力的增大。

半固态材料的固相屈服强度 σ_s 和半固态材料的初始表观黏度 η_c 是决定触变强度的两个重要因素。对于高固相率的半固态坯料,当固体骨架受到破坏时,要承受固相颗粒间的联结力即半固态温度下固相的屈服强度。因此,半固态材料固相屈服强度的高低决定触变强度的高低;而黏性力与黏度有直接关系,黏度高则黏性力大,宏观表现为触变强度大。

以上的结构参数、半固态材料的固相屈服强度和半固态材料的初始表观黏度对触变强度影响还没有直接的压缩真应力 - 真应变曲线可以说明,但通过理论推导和分析,可得到上述结论。

综合外变量和内变量对触变强度的影响,可以给出其半固态触变强度的函数式:

宾汉体:　　　　　　　　$\sigma_T = \sigma_s + \eta_c(f_s, F, \lambda, A)\dot{\varepsilon}$　　　　　　(6-7)

伪塑性体:　　　　　　　　$\sigma_T = \eta_c(f_s, F, \lambda, A)\dot{\varepsilon}$　　　　　　　(6-8)

式中,σ_s 是半固态材料的固相屈服强度;η_c 是半固态材料的初始表观黏度;f_s 是固相率;$\dot{\varepsilon}$ 是应变速率;λ 是结构参数;F 是球形度;A 是晶粒尺寸。

根据此函数式便可进一步定量研究触变强度。

6.3　球晶组织形成

6.3.1　枝晶破碎法

球晶组织实际是由等轴细晶经加热熟化而成的。为此,获取等轴细晶是关键。枝晶破碎法是采用大塑性变形使其粗大枝晶组织细化的一种方法,在半固态坯制备方法中,称之为应变诱导熔化激活法(Strain-induced melt activation,简称 SIMA 法)。大塑性变形细化晶粒方法较多,下面介绍两种:多向锻造和等径角挤压法。

6.3.1.1　多向锻造

(1)工艺过程。多向锻造(Multi-axial forging,MAF)示意图如图 6-17 所示[22]。其特点是变形过程中,外加载荷旋轴不断变化,与单向变形组织变形相比,后者所产生细晶尺寸约为 5.5μm,其体积分数随应变量增加快速上升,而后稳定在 0.2 左右,前者所产生的细晶尺寸稍大,但体积分数高达 0.85 左右。

(2)组织演变。多向锻造变形初期,材料内部高密度位错墙将晶粒分割成若干拉长单元体,同时,在初始晶界附近形成一些大角度亚晶界。随着变形道次和应变量的增加,由晶内位错滑移以及对亚晶间非协调应变,伴随产生的位错吸收,将导致晶内和晶界处亚晶界位向差增大。随着变形的进行,具有中(大)角度晶界的细小新晶粒开始在初始晶界处萌生,数量随着变形的进行不断增多。晶内低应变下拉长的亚晶横向尺寸增

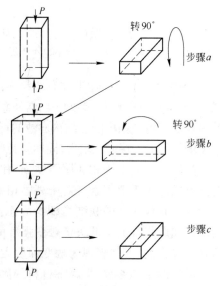

图 6-17　多向锻造工艺过程

加,纵向尺寸减小,趋于等轴化。同时晶内和初始晶界处所有的亚晶界位向差增大。晶界位向差的增大有助于细小新晶粒连续生成。

（3）影响因素。主要有累积应变量、道次应变量、变形温度、变形速率和初始晶粒度等。1）随着累积应变量的增加,加工软化占主导,流变应力降低,（亚）晶内平均位错密度逐渐降低并趋于稳定。（亚）晶粒尺寸在变形早期先迅速减小而后维持在某一范围,基本不随累积应变量变化。2）应变诱发（亚）晶界平均位向差随着应变量的增加不断增大,在高应变下形成具有大角度晶界的新晶粒,材料组织得到充分细化。3）温度影响材料动态再结晶行为和晶粒细化进程,多向锻造工艺的变形温度一般低于 $0.5T_m$,由于累计的塑性变形很大,导致动态再结晶温度下降。在可变形范围内,相同条件下变形温度越低,动态再结晶新晶粒尺寸减小,同时组织内大角度（亚）晶界比例增大。4）在同一变形温度下,应变速率越大,相同变形程度所需的时间缩短,由动态再结晶等提供的软化过程缩短,塑性变形进行不充分,位错数目增多,从而使合金变形的临界切应力提高,导致流变应力增大[22]。

6.3.1.2　等径角挤压(Equal Channel Angular Extrusion,ECAE)

等径角挤压与多向锻造一样[23],属累积大塑性应变,导致位错重排来实现晶粒细化,罗守靖等人成功把该工艺引入镁合金半固态坯的制备。ECAE 基本原理如图 6-18 所示[23]。

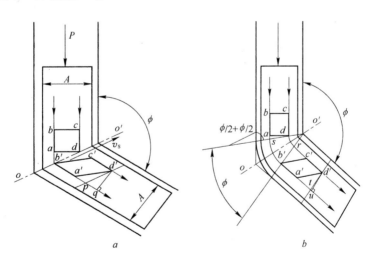

图 6-18　等径角挤压原理图

a—无外侧圆弧;b—带外侧圆弧

块状试样在外力 P 的作用下,通过互成 φ 夹角且横截面形状尺寸相同的两段通道而产生塑性变形。材料通过两通道的结合面 $o-o'$ 时会受到 v_s 方向的剪切应力,从而产生剪切变形。下面取 abcd 为单元进行分析。当 abcd 通过剪力面 $o-o'$ 时会受到 v_s 方向的应力,其中 v_s 的垂直分量与外力 P 平衡,其水平分量为有效剪应力并使 abcd 发生剪切变形。如果不考虑试样与模具之间的摩擦等外部因素的影响,那么可以将 abcd 通过 $o-o'$ 时的塑性变形看作理想的纯剪切应变,方形单元 abcd 变为平行四边形单元 $a'b'c'd'$。材料整体通过 $o-o'$ 后可以获得均匀的剪切变形,材料每通过一次挤压后所获得的应变可用式(6-9)进行计算。

$$\gamma = 2\cot\frac{\phi}{2} \qquad\qquad (6-9)$$

式中　γ——剪切应变;

　　　ϕ——通道侧夹角。

由于 ECAE 挤压时两通道的形状和横截面积均相同,因此每次挤压前后材料的形状和尺寸都保持不变,故可以实现多次重复挤压而积累大的应变。经过 N 次挤压后所获得的总应变为: $\varepsilon_N = N\varepsilon_e$。

影响 ECAE 工艺的因素很多,主要有挤压温度、模具结构和挤压路径三种,文献[24]中均给出了相应分析。

6.3.2　液相搅拌凝固法

液相搅拌凝固法即在合金液凝固过程中进行机械的、电磁的和振动的处理过程,使其成为球状晶的半固态组织。

6.3.2.1　机械搅拌加工

随着在 MIT 的最初发展,机械搅拌半固态金属浆料生产也得到发展。但它存在严重缺陷,其中最重要的就是搅拌器腐蚀、金属被夹杂和氧化物污染、气体卷入及其低的生产率。另外,这种加工方法生产的浆料比其他方法易于含有一些粗大的、未成熟的玫瑰状颗粒。这种形态阻碍了更多液体流动,而且在降低有效的液态成分时,对浆液流变行为有着不利影响。

最近,机械搅拌在工业上应用极少,但人们努力融入机械搅拌原理,发展一种新的方法来克服其诸多不足。

(1)单螺旋搅拌装置。图 6-19 展示了一种由日本学者提出的制浆装置[25]。连续流变铸造机安装了分离的容箱,用于熔化金属和搅拌金属。液态金属是通过连接外部金属熔池的一个泵来填充的。搅拌器温度由一个水冷管道来调节,这个管道安装在空心轴和同心旋转轴之间的环形缝隙中。这既提供了局部冷却,又提供了剪切作用,有效促进球晶的形成。

(2)双螺旋搅拌装置。双螺旋搅拌装置利用了聚合物射注成型理论。它包括一个液态金属供给装置,一个双螺旋挤压成型机,一个喷射装置及一个中央控

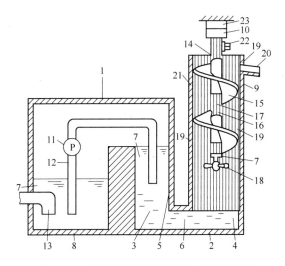

图 6-19 熔化和搅拌槽分离水冷流变装置

1—连续流变铸造装置；2—熔体区；3—熔体输入区；4—搅拌区；5—隔板；6—通道；
7—熔体；8—初始区；9—外套筒；10—驱动器；11—泵；12,13—输液管；14—搅拌器；
15—螺旋叶片；16—轴；17—细轴；18—搅拌棒；19—熔体分离槽；20—出口；
21—冷却液通道；22—冷却液集合管；23—转向齿轮

制单元,如图 6-20 所示[25]。这样的装置轮廓可以得到高效率剪切和强烈紊流,
围绕在双螺旋装置周围的一连串相互匹配的冷却和加热装置将形成一系列的冷却
和加热区域。熔融的金属置入双挤压成型机后,快速冷却到一个预定的加工温度
来调整最后的小部分金属浆料,然后这些浆料被转移到压铸模的压室中。

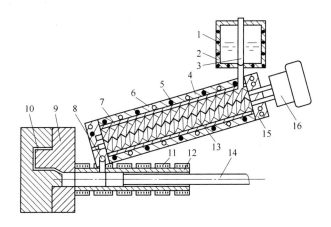

图 6-20 双螺旋制浆示意图

1,5,11—加热源；2—坩埚；3—塞杆；4—搅拌柄；6—冷却通道；7—内衬；8—输送阀；
9—压铸模；10—型腔；12—压射室；13—双螺旋；14—活塞；15—端盖；16—驱动系统

（3）剪切－冷却－轧制装置。剪切－冷却－轧制（Shearing－Cooling－Rolling，SCR）方法就是基于旋转辊碎机的剪切和冷却作用。在这种方法中，铝合金是在一个旋转装置和一个静压冷却装置的间隙受剪切和冷却作用，形成半固态浆料，如图 6－21 所示[25]。

6.3.2.2　电磁搅拌法（Magnetohydro-dynamic，MHD）

（1）电磁搅拌工作原理。电磁搅拌的工作原理和普通异步电机类似。电磁感应器相当于电机的通电线圈，金属熔液相当于电机的转子。当金属熔体位于电磁搅拌器的旋转磁场中时，可以将呈电磁流体的合金熔体假想为无数个薄壁同心圆柱管，每个薄壁圆柱管又可分为数个导体条，这些导体条平行于搅拌器的轴线，如图 6－22 所示[7,8]。这些无数的导体条垂直于合成旋转磁场的磁感应强度 B，当合成旋转磁场扫过该金属熔体时，在该金属熔体中便会产生相应的感应电动势，又由于合金熔体本身就构成了回路，合

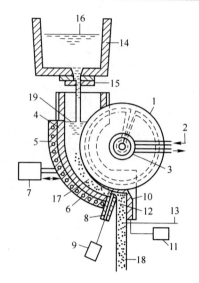

图 6－21　剪切－冷却－轧制（SCR）工艺示意图

1—搅拌器；2—冷却水系统；3—驱动系统；4—耐火板；5—可移动倒板；6—加热器；7，11—驱动机械；8—挡板；9—挡板滑动驱动装置；10—刮擦部件；12—出料口；13—传感器；14—铸桶；15—喷嘴；16—熔体；17—凝固壳；18—半固态金属；19—冷却搅拌模

金熔体中便产生了感应涡电流，该感应涡电流又受到旋转磁场的作用力，即洛伦兹力的驱动，合金熔体就跟着旋转磁场一起旋转，产生了电磁搅拌的运动效果。

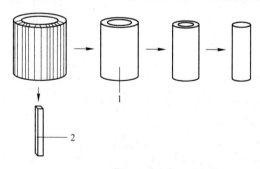

图 6－22　旋转合金熔体的薄层和导体条分割假想示意图

1—熔体薄层；2—熔体导体条

（2）铝合金半固态金属坯料的连续制备及控制。为了大规模生产，一般需要采用直接激冷的连续铸造办法（Direct Chill Continuous Casting）使电磁搅拌制备出

的半固态铝合金浆料快速凝固,并铸造成一
定长度的坯料,坯料的长度多在 1.5~6m。

根据半固态铝合金连铸坯料在连铸过
程中的空间位置,感应旋转电磁场搅拌连铸
工艺可分为两大类:垂直电磁搅拌连铸和水
平电磁搅拌连铸。在垂直电磁搅拌连铸制
备过程中,半固态铝合金连铸坯料处于垂直
位置,中间包、结晶器、电磁搅拌器也垂直布
置,如图 6 - 23 所示[7,8]。

根据半固态铝合金连铸坯料的长度,垂
直电磁搅拌连铸又可分为半连续和连续铸
造两类。半连续铸造一次只能铸造有限长
度的半固态铝合金坯料,一般为 1.5~6m,
该种设备结构较为简单,不需要设置同步锯
系统来锯切坯料,但这种设备的生产效率较
低,需要反复进行引锭操作;在半连续铸造
情况下,定时向中间包补充铝合金液,当半
固态连铸坯料被铸出一定的长度时,关死结
晶器上方的液态铝合金水口,取出半固态铝

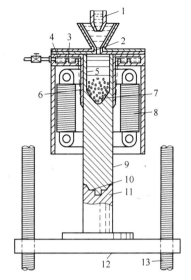

图 6 - 23　电磁搅拌垂直半连续
铸造示意图

1—中间包底口;2—结晶器引流口;3—冷
却水室;4—水室隔墙;5—结晶器外壁;
6—结晶器陶瓷内衬;7—坯料的固液前
沿;8—搅拌器;9—坯料;10—引锭底托;
11—引锭杆;12—引锭机;13—引锭丝杠

合金连铸坯料,再重新安放引锭杆,实现再次半连续铸造,如图 6 - 23 所示。

在水平电磁搅拌连铸过程中,其坯料的空间位置处于水平状态。结晶器、电
磁搅拌器、拉拔机构均呈水平布置,而中间包仍呈垂直布置,如图 6 - 24 所示。

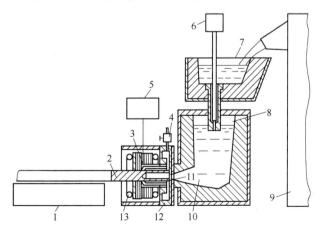

图 6 - 24　水平电磁搅拌连续铸造示意图

1—拉拔机构;2—坯料;3—搅拌绕组;4—冷却水阀;5—搅拌控制器;6—流量控制器;7—浇口盆;
8—中间包;9—熔化炉;10—导流管;11—陶瓷环;12—冷却水箱;13—结晶器

6.3.3　剪切低温浇注法

剪切低温浇注法(Low superheat pouring with a shear field, LSPSF)[26]的工艺过程为:首先将特定过热度的合金熔体浇注到一个低转速、具有合理热交换条件的输送管,在合金熔体自身重力和输送管转动的共同作用下,使合金液流经管壁时产生剧烈的搅拌混合,并保证合金液流经输送管末端的温度控制在合金液相线 -2 ~ -5℃,待浆料蓄积器中的半固态合金液静态冷却到预定的温度或固相率后,将其倾入压铸机压室,进行流变压铸。

图 6 - 25 为该工艺的试验装置简图,主要元件包括进料口、转动输送管、浆料蓄积器和独立的温控系统。温控系统用于控制浇注合金、浆料蓄积器的温度。转动输送管是该工艺的合金构件,具有特殊热交换条件,可以预热至不同温度实现不同的散热能力,主要作用是增强熔体凝固初期的散热和搅拌混合程度,使合金在凝固初期形成快速冷却和较强对流的复合作用,快速散去合金熔体的过热,进而使合金熔体各处均处于形核和凝固中。浆料蓄积器用于存储半固态合金浆料,另外,可以被加热实现调节合金浆料的固相率。该工艺主要有 3 个参数,即合金熔体的成分和过热度、输送管的散热能力和搅拌混合强度、浆料蓄积器温度[26]。

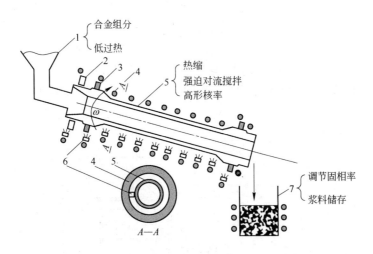

图 6 - 25　剪切低温浇注式半固态浆料制备工艺试验装置简图
1—送料口;2—伺服电机;3—支撑轴承;4—加热单元;5—输送管;6—空冷单元;7—浆料蓄积器

图 6 - 26 为工艺在30℃和50℃过热条件下制备的 ZL101 铝合金半固态水淬组织[26],可见两种条件下获得的初生相的形态和尺寸非常接近,均为理想的半固态浆料,整个流程历时约20s(液态合金在浇注前温度均匀化的时间不计在

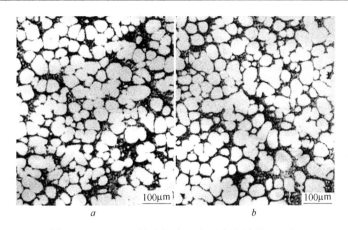

图 6 - 26 ZL101 铸造铝合金半固态水淬微观组织
（输送管转速 90r/min,输送管倾角 20°,浆料蓄积器温度 500℃ ）
a—30℃ ;b—50℃

内,仅为合金液流经输送管时间 + 浆料在浆料蓄积器内静止时间)。图 6 - 26 表
明,输送管具有较大的散热空间,可以适当地提高浇注温度。剪切低温浇注式半
固态浆料制备工艺比较灵活,可以制备半固态坯料,应用于触变成型。图 6 -
27a 为 ZL101 铝合金半固态浆料在浆料蓄积器内空冷获得的铸态(即半固态坯
料)组织结构,图 6 - 27b 为半固态坯料重熔加热至 590℃ ,保温 15s 的水淬组织。
图 6 - 27 说明,经重熔后的组织更为圆整,但略为粗大,尤其值得注意的是重熔
后组织中固相内几乎没有夹裹液相。因此,提高有效液相率,增强浆料的流动
性,从侧面说明本工艺制备的半固态浆料的化学成分比较均匀。

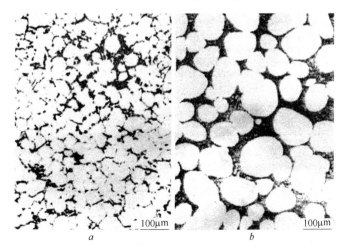

图 6 - 27 ZL101 铸造铝合金不同状态下的微观组织
（输送管转速 90r/min,输送管倾角 20°,浆料蓄积器温度 660℃ ）

6.4　高固相体积分数下的半固态合金加工流变行为

前面讨论过半固态合金加工时表现的多种奇异的流变现象,下面重点讨论非牛顿体加工时瞬时流变性能的变化规律,即表观黏度依时变化过程并以高固相体积分数半固态金属为对象进行研究,对于低固相体积分数的半固态金属,其流变学性能与牛顿体相近[13]。

6.4.1　高固相体积分数半固态合金加工流变学数学模型

6.4.1.1　应变速率与剪切速率的数学关系

可采用水平压缩近平行平板式黏度计法进行应变速率与剪切速率关系的建立[13],有:

$$\overline{\dot{\gamma}} = -\frac{\pi R^3}{2Vh}\frac{\Delta h}{\Delta t} \qquad (6-10)$$

式中　$\overline{\dot{\gamma}}$——剪切速率的平均值,s^{-1};

$\quad\quad R$——试样瞬时半径,m;

$\quad\quad h$——试样瞬时高度,m;

$\quad\quad V$——试样体积,m^3;

$\quad\dfrac{\Delta h}{\Delta t}$——应变速率,其中"-"表示压缩。

6.4.1.2　外力与表观黏度的数学关系

经推导,可获得:

$$\dot{\gamma} = \frac{1}{2}\sqrt{\frac{V}{\pi h_\varepsilon^3}\dot{\varepsilon}} \qquad (6-11)$$

$$\eta_a = \frac{2\pi h_\varepsilon^4}{3V^2}\frac{P_\varepsilon}{\dot{\varepsilon}} \qquad (6-12)$$

式中　η_a——表观黏度,Pa·s;

$\quad\quad h_\varepsilon$——试样压缩后的高度,m;

$\quad\quad V$——试样体积,m^3;

$\quad\quad \dot{\varepsilon}$——压缩过程中的应变速率,$s^{-1}$;

$\quad\quad \dot{\gamma}$——剪切速率,s^{-1};

$\quad\quad P_\varepsilon$——作用于试样的外力,N。

6.4.2　高固相体积分数下的 ZK60-RE 镁合金流变特性

基于压缩过程获得的真应力-真应变曲线,通过式(6-11)、式(6-12)可计算出半固态 ZK60 - RE 镁合金不同加工条件下的稳态表观黏度值和剪切速率值,如表 6 - 1 所示。

表 6 - 1　半固态 ZK60 - RE 镁合金不同条件下的稳态表观黏度值和剪切速率值

试样	温度/℃	保温时间/min	应变速率/s^{-1}	稳态应力/MPa	剪切速率/s^{-1}	表观黏度/Pa·s
铸态	550		1×10^{-2}	7.49	6.59×10^{-3}	2.88×10^{8}
	560	0.5		6.82	6.59×10^{-3}	2.62×10^{8}
	570			4.73	6.59×10^{-3}	1.82×10^{8}
	550		1×10^{-1}	4.85	6.59×10^{-2}	1.86×10^{7}
	560	0.5		4.02	6.59×10^{-2}	1.54×10^{7}
	570			2.69	6.59×10^{-2}	1.03×10^{7}
	550		1	4.57	6.59×10^{-1}	1.75×10^{6}
	560	0.5		3.89	6.59×10^{-1}	1.49×10^{6}
	570			1.69	6.59×10^{-1}	6.49×10^{5}
	550		10	2.45	6.59	9.41×10^{4}
	560	0.5		2.09	6.59	8.03×10^{4}
	570			0.27	6.59	1.03×10^{4}
ECAE 态	560	0.5	1×10^{-2}	2.01	6.59×10^{-3}	7.72×10^{7}
			1×10^{-1}	1.45	6.59×10^{-2}	5.57×10^{6}
			1	1.07	6.59×10^{-1}	4.11×10^{5}
			10	0.225	6.59	8.64×10^{3}
	560	3	1	2.2	6.59×10^{-1}	8.45×10^{5}
		7		2.18	6.59×10^{-1}	8.37×10^{5}
		10		2.13	6.59×10^{-1}	8.18×10^{5}
		15		2.72	6.59×10^{-1}	1.04×10^{6}
液相线模锻态	560	0.5	1×10^{-2}	3.06	6.59×10^{-3}	1.18×10^{8}
			1×10^{-1}	2.14	6.59×10^{-2}	8.22×10^{6}
			1	2.01	6.59×10^{-1}	7.72×10^{5}
			10	1.07	6.59	4.11×10^{4}

6.4.3　稳态表观黏度随温度的变化

图 6 - 28 是高固相率半固态 ZK60 - RE 镁合金不同剪切速率时,稳态表观黏度随温度(固相率)变化的直方图。可以看到稳态表观黏度随着温度的升高呈明显的降低趋势,液相含量的增加使得固相颗粒间连接部分减少,即试样内摩擦力减小,宏观表现为稳态表观黏度降低。

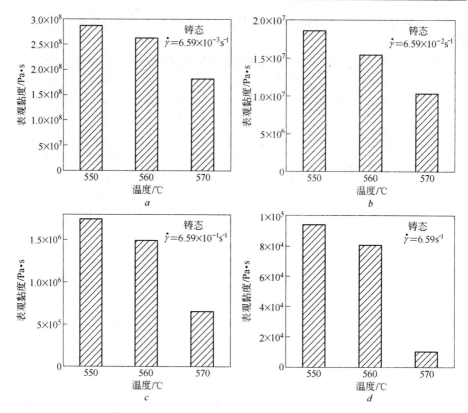

图 6 - 28   不同剪切速率下半固态 ZK60 - RE 镁合金稳态表观黏度随温度变化直方图

6.4.4   稳态表观黏度随保温时间的变化

图 6 - 29 是高固相率半固态 ZK60 - RE 镁合金稳态表观黏度随保温时间的变化直方图。随着保温时间的延长,试样的稳态表观黏度呈先降低后增加趋势。晶粒形状因子的增加使得试样的内摩擦力减小,表现为稳态表观黏度的减小,但随后的合并长大使得内摩擦力增加,则表现为稳态表观黏度增加。

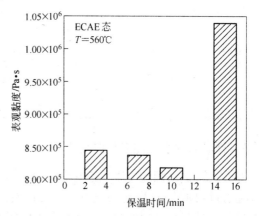

图 6 - 29   半固态 ZK60 - RE 镁合金稳态表观黏度
随保温时间的变化直方图

6.4.5 稳态表观黏度随晶粒大小的变化

图 6 - 30 是不同剪切速率时,高固相率半固态 ZK60 - RE 镁合金稳态表观黏度随不同晶粒尺寸变化的直方图。可以看到稳态表观黏度随着晶粒尺寸的增大呈增大的趋势,在该固相率下晶粒长大导致试样内摩擦力增大,宏观则表现为稳态表观黏度的增大。

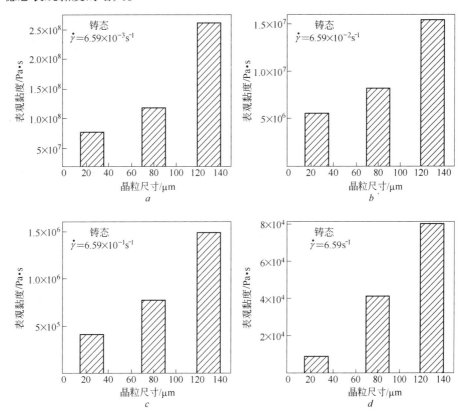

图 6 - 30 不同剪切速率下半固态 ZK60 - RE 镁合金稳态表观
黏度随晶粒尺寸变化直方图

6.4.6 稳态表观黏度随剪切速率的变化

图 6 - 31 和图 6 - 32 为半固态 ZK60 - RE 镁合金稳态表观黏度随剪切速率变化的曲线,可以看出,随着剪切速率的增加,稳态表观黏度减小得很明显,在剪切速率为 $6.59 \times 10^{-3} s^{-1}$ 时,稳态表观黏度达到 $10^8 Pa \cdot s$,而剪切速率为 $6.59 s^{-1}$ 时,稳态表观黏度达到 $10^5 Pa \cdot s$ 左右,该现象说明半固态 ZK60 - RE 镁合金具有强烈的"剪切变稀"特性。剪切速率会在两个相反的方面影响试样内部的变化,一方面增加剪切速率会增大固相颗粒间的接触几率,另一方面也会减小固相

颗粒间的接触时间。因此固相间的联结也是一个依时过程。

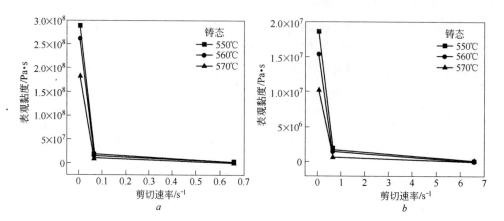

图 6 - 31　不同温度半固态 ZK60 - RE 镁合金(铸造)稳态表观黏度随剪切速率变化的曲线

a—$\dot{\gamma}$ 范围:$6.59 \times 10^{-3} \sim 6.59 \times 10^{-1} \mathrm{s}^{-1}$;$b$—$\dot{\gamma}$ 范围:$6.59 \times 10^{-2} \sim 6.59 \mathrm{s}^{-1}$

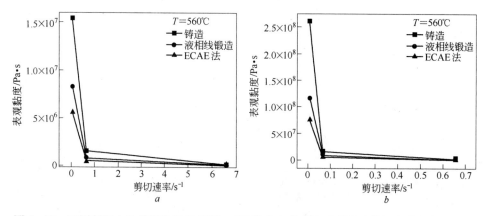

图 6 - 32　不同制坯方法得到半固态 ZK60 - RE 镁合金稳态表观黏度随剪切速率变化的曲线

a—$\dot{\gamma}$ 范围:$6.59 \times 10^{-3} \mathrm{s}^{-1} \sim 6.59 \times 10^{-1} \mathrm{s}^{-1}$;$b$—$\dot{\gamma}$ 范围:$6.59 \times 10^{-2} \mathrm{s}^{-1} \sim 6.59 \mathrm{s}^{-1}$

参 考 文 献

[1]　Segal V M,Reznikov V I,Drobyshevskii A E, et al. Plastic Metal Working by Simple Shear [J]. Metallurgy, 1981,(1):115 - 123.

[2]　Valiev R Z,Krasilnikov N A,Tsenev N K. Plastic Deformation of Alloys with Submicron - grained Structure[J]. Materials Science and Engineering A,1991, 137(15):35 - 40.

[3]　Wang Z C,Prangnell P B. Microstructure Refinement and Mechanical Properties of Severely Deformed Al - Mg - Li alloys[J]. Materials Science and Engineering A,2002, 328(1 - 2):87 - 97.

[4] Sun P L, Yu C Y, Kao P W, et al. Microstructural Characteristic of Ultrafine – grained Aluminum Produced by Equal Channel Angular Extrusion[J]. Scipta Materialia, 2002, 47(6):377 – 381.

[5] Huang W H, Chang L, Kao P W, et al. Effect of Die Angle on the Deformation Texture of Copper Processed by Equal Channel Angular Extrusion[J]. Materials Science and Engineering A,2001, 307(1 – 2): 113 – 118.

[6] Joly P A, Mehrabian R. The Rheology of a Partially Solid Alloy[J]. Journal of Materials Science, 1976, 11(8): 1393 – 1418.

[7] 田文彤. LC4 合金半固态坯 SIMA 生成及触变成形研究[D]. 哈尔滨:哈尔滨工业大学, 2002:1 – 58.

[8] 杨湘杰. 半固态合金(A356)触变成形流变特性及其浇道系统的研究[M]. 上海:上海大学出版社,1999.

[9] 吴其晔,巫静安. 高分子材料流变学[M]. 北京:高等教育出版社,2002.

[10] 林师沛,赵洪,刘芳. 塑料加工流变学及其应用[M]. 北京:国防工业出版社,2008.

[11] 杨为佑,陈振华,吴艳军,等. 半固态非枝晶组织流变性和触变性的研究进展[J]. 材料导报,2001,15(1):20 – 22.

[12] Anacleto de figueredo. Science and technology of semi – solid metal processing[D]. Worcester:Worcester Polytechnic Institute,2004.

[13] 单巍巍. ZK60 – RE 半固态球晶组织生成及高固相率下触变行为研究[D]. 哈尔滨:哈尔滨工业大学,2007.

[14] Chen Tijun, Hao Yuan, Sun Jun. Compressive deformation of semi – solid SiCp/AZ27 composites[J]. Trans Nonferrous Met Soc China,2003,13(50):1164 – 1170.

[15] 单巍巍. 半固态镁合金组织成分演变及流变特性研究[D]. 兰州:兰州理工大学,2005.

[16] 丁志勇. 半固态铝合金触变成形的成形特性及数学模型的研究[D]. 北京:北京有色金属研究总院,2002.

[17] 宋仁伯. 半固态钢铁材料流变机制及变形机理研究[D]. 北京:北京科技大学,2002.

[18] 罗守靖,姜巨福,祖丽君. SiC/2024 复合材料在半固态下流变行为的研究[J]. 机械工程学报, 2002,38(12):78 – 83.

[19] Tzimas E, Zavaliangos A. Mechanical Behaviour of Alloys with Equiaxed Microstructure in the Semi – solid state at High Solid Content[J]. Acta mater,1999,47(12):517 – 528.

[20] 李远东,郝远,阎峰云,方铭. AZ91D 镁合金在半固态等温热处理中的组织演变[J]. 中国有色金属学报,2001,11(4):571 – 575.

[21] 康永林,毛卫民,胡壮麒. 金属材料半固态加工理论与技术[M],北京:科学出版社,2004.

[22] 郭强, 严红革,陈振华,等. 多向锻造技术研究进展[J]. 材料导报,2007,21(2):106 – 108.

[23] 姜巨福. 新 SIMA 法制备 AZ91D 半固态坯及其触变模锻研究[D]. 哈尔滨:哈尔滨工业大学,2005.

[24] 魏伟,陈光. ECAP 等径角挤压变形参数的研究[J]. 兵器材料科学与工程,2002,25(6):61 – 63.

[25] 赵祖德,罗守靖. 轻合金半固态成形技术[M]. 北京:化学工业出版社,2007.

[26] 郭洪民. 半固态铝合金流变成形工艺与理论研究[D]. 南昌:南昌大学,2007.

7 合金材料极限流变应力的测量

7.1 引言

合金材料极限流变应力应理解为合金材料在外载荷作用下,发生牛顿流动、非牛顿流动和塑性流动时所表现的力学特性,它是一个物性,即合金对抗流动的能力。对于固态材料,其极限流变应力为 τ_s 或 σ_s;对于半固态材料为触变强度 τ_T 或 σ_T;对于液态材料为黏度 η_0 或 η_a。

7.2 固态合金屈服点的测定

7.2.1 拉伸实验

7.2.1.1 工程应力 – 应变曲线

拉伸试验,试样承受逐渐增加的单向拉力,同时观察其伸长。通过测量载荷及伸长量,而绘制出工程应力 – 应变曲线(图7 – 1)。

7.2.1.2 屈服应力的测定

开始观测到屈服时的应力值取决于应变测量仪的灵敏度。应根据用途不同,采用不同断裂屈服起始的判据。

(1)比例极限。比例极限是应力与应变成正比增加的最高应力,比值根据观测应力 – 应变曲线偏离直线时而得。

(2)弹性极限。弹性极限是材料完全卸载后不残留任何可测出的永久变形所能承受的最大应力。确定弹性极限需要经过繁琐的逐步增量的加载 – 卸载试验观察过程。

(3)屈服强度。屈服强度等于产生某一规定的微小塑性变形量所需的应力。此值由应力 – 应变曲线与某一直线交点相对应的应力值决定(图7 – 1)。该直线平行于曲线的弹性阶段,并偏离一个规定的应变量,我国通常规定为应变 0.2%,记为

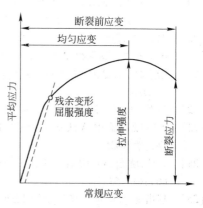

图 7 – 1 工程应力 – 应变曲线

$\sigma_{0.2}$,称为屈服强度。

对于有明显屈服平台的情况,平台所对应的应力称为屈服点,记为 σ_s。

7.2.1.3 真实应力–真实应变曲线

工程应力–应变曲线未给出金属塑性变形的真实指标,因为它全部以试样的原始尺寸为依据,而这些尺寸在试验过程中是不断变化的。图 7-2 给出了延性金属典型真实应力–真实应变曲线[1]。

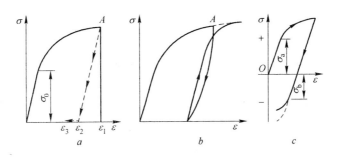

图 7-2 延性金属典型真实应力–真实应变曲线

(1)真实应力与工程应力的关系[1]:

$$\sigma = \frac{P}{A_0}(e+1) = S(e+1) \qquad (7-1)$$

式中 σ——真实应力;

S——工程应力,$S = \dfrac{P}{A_0}$;

A_0——试样初始横截面面积;

e——平均线应变,$e = \dfrac{L-L_0}{L_0}$,其中 L_0 为试样初始长度,L 为检测的试样长度。

(2)屈服强度。由式(7-1),其中 $e = 0.002$ 时,可以得到:

$$\sigma_0 \approx \sigma_{0.2} \qquad (7-2)$$

因此,测定材料屈服强度或屈服点,无论采用工程应力–应变曲线还是采用真实应力–真实应变曲线来研究,均可视为同等的。

7.2.2 扭转实验

扭转实验可测材料剪切弹性模量、扭转屈服强度和断裂模量等性能。

7.2.2.1　扭转时剪切力的测量原理

空心杆件扭转如图 7 – 3 所示[1]。

由于杆件表面上的剪应力最大：

$$\tau_{\max} = \frac{16M_r}{\pi D^2} \qquad\qquad (7-3)$$

式中　M_r——扭矩；

　　　D——圆杆直径。

7.2.2.2　测量方法

扭转实验设备包括一个扭转头和一个称量头。扭转头上有卡盘，可以夹持试样并对试样施加扭矩；称量头夹持试样的另一端，并测量力矩或扭矩。试样的变形用称作测扭计的扭角测量装置进行测定，即测定位于试样一端附近的一点相对于同一根母线上位于试样另一端某点的角位移。

在扭转实验中测定扭矩 M 和扭角 θ，可得扭矩 – 转角圆，如图 7 –4 所示[1]。

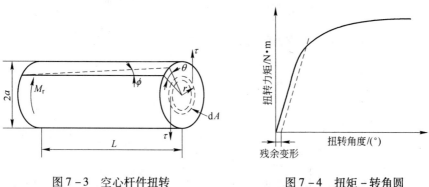

图 7 – 3　空心杆件扭转　　　　　图 7 – 4　扭矩 – 转角圆

7.2.2.3　屈服强度

为精确测定扭转屈服强度，用管状试样为好，其截面上的应力梯度几乎消除。试验证明，为确定剪切屈服强度，试样直径减细部分的长度与外径比应为 10 左右，直径与厚度比应为 8 ~ 10。对于管状试样，其外表面剪应力为：

$$\tau = \frac{16M_r D_1}{\pi(D_1^4 - D_2^4)} \qquad\qquad (7-4)$$

式中　D_1——管外径；

　　　D_2——管内径。

由图 7 –4 可以测得单位标距的残余扭角为 0.001rad 的扭矩值，代入式 (7-4) 可得 τ_s。

7.2.3 扭转实验与拉伸实验的比较

拉伸与扭转试验可通过各自产生的应力和状态进行比较。

拉伸实验：$\sigma_1 = \sigma_{max}$；$\sigma_2 = \sigma_3 = 0$

$$\tau_{max} = \frac{\sigma_1}{2} = \frac{\sigma_{max}}{2}$$

扭转实验：$\sigma_1 = -\sigma_3$；$\sigma_2 = 0$

$$\tau_{max} = \frac{2\sigma_1}{2} = \sigma_{max}$$

经比较发现，若 σ_{max} 已定，扭转时 τ_{max} 等于拉伸时的两倍。

热扭转试验适用于获取金属在热加工状态下（即 $T > 0.6T_m$，且 ε 可达 $10^3 s^{-1}$）的流动性能。

$$\tau_0 = \frac{M_r}{2\pi a^3}(3 + m + n) \qquad (7-5)$$

式中　m——应变速率敏感指数；

　　　n——应变转化指数；

　　　a——换算系数，$a = r_a/\theta' = (r_a L)/\theta$。

7.3 触变强度测量

触变强度测量采用等温压缩实验方法，并在材料试验机上进行。实验装置如图 7-5 所示[2]。

由于触变强度与半固态金属的体积分数（或试验温度）和形变速率相关。因此，在试验时必须严加界定。

7.4 黏度测量

7.4.1 毛细管流变仪

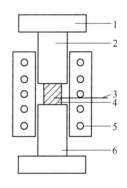

图 7-5　半固态压缩装置示意图
1—测力传感器；2—上压板；3—热电偶；
4—压缩试样；5—加热装置；6—下压板

7.4.1.1 毛细管流变仪的原理

毛细管流变仪工作时，其柱塞以恒定的速度向下移动，或以恒定的压力作用在柱塞上，把装在料筒里已经恒温一定时间的物料从毛细管中挤出（图 7-6）。然后通过测量流量、压力和温度等之间的关系，得出熔体在某一状态下的流变曲线和表观黏度[3,4]。

A　基本方程

要测出流体的表观黏度必须求出剪切力和剪切速率的关系。现采用物理分析方法加以推导。假设条件为:管道中为流线型流动,管道中的流体为稳定流动,流体与接触壁边界之间无滑动,流体遵循牛顿黏性定律。

B　剪切应力及其分布

为了维持流体在圆管中的稳定流动,沿管长必须具有一定的压力差。由于流体具有黏性,因此它将受到来自壁面与流动方向相反的作用力(黏性阻力)。在无限长的圆管中取半径为 r,长度为 L,两端压力差为 Δp 的流体元(液柱),见图 7-7,当端面受到推动力($\Delta p\pi r^2$)的作用时,

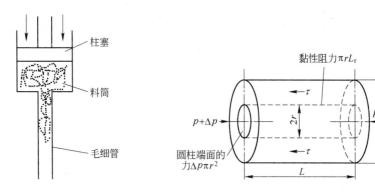

图 7-6　毛细管黏度计简图　　　图 7-7　管道层状滞留理论的简单模型

其上面会产生黏性阻力(液柱 $2\pi rL$ 与剪切力 τ 之积),力的平衡关系如下:

$$2\pi rl\tau = \pi r^2\Delta p \qquad (7-6)$$

所以,沿半径方向的剪切应力分布为:

$$\tau = \Delta Pr/2L \qquad (7-7)$$

式中　τ——剪应力,Pa。

式(7-7)为斯托克斯(Stockes)于 1851 年推导出来的。它表明:在一定的压力梯度($\Delta P/L$)下,剪应力与离开轴线的距离(r)成正比,且与流体的性质无关。在管中心($r=0$)处,$\tau=0$;在管壁($r=R$)处,剪应力为最大值,即:

$$\tau_W = \tau_{max} = \Delta PR/2L \qquad (7-8)$$

式中　R——管道半径,m。

C　牛顿流体剪切速率

根据牛顿黏性定律,牛顿流体的剪切速率 $\dot{\gamma}$ 为:

$$\dot{\gamma} = -\frac{\mathrm{d}v}{\mathrm{d}r} = \frac{\tau}{\eta} = \frac{\Delta Pr}{2L\eta} \qquad (7-9)$$

式中　v——线速度,m/s,是 r 的函数;

η——黏度,$Pa \cdot s$;

$\dot{\gamma}$——剪切速率,s^{-1}。

管中心的流速最大,随 r 的增大 v 减小,因此速度梯度取负号。式(7-9)表明,剪切速率 $\dot{\gamma}$ 与 r 成正比。在管中心($r=0$)处,$\dot{\gamma}=0$;在管壁($r=R$)处,有:

$$\dot{\gamma}_{W} = \frac{\Delta P R}{2\eta L} \tag{7-10}$$

式中 R——管道半径,m。

根据前面假设在壁面上 $r=R$,没有滑动,即 $v=0$,将式(7-9)对 r 积分得速度分布:

$$v(r) = \frac{\Delta P}{4L\eta}(R^2 - r^2) = \frac{\Delta P R^2}{4L\eta}\left[1 - \left(\frac{r}{R}\right)^2\right] \tag{7-11}$$

由式(7-11)可见,牛顿流体的流动速度分布为抛物线形。将式(7-11)对 r 作整个截面积分,可得体积流量 Q:

$$Q = \int^{R} v \cdot 2r\pi dr = \frac{\pi R^4 \Delta P}{8\eta L} \tag{7-12}$$

式中 Q——体积流量,$m^3 \cdot s^{-10}$。

这就是哈根-泊萧叶(Hagen-Poiseuille)方程。比较式(7-12)和式(7-10),可得出:

$$\dot{\gamma}_{R} = \dot{\gamma}_{max} = \frac{4Q}{\pi R^3} \tag{7-13}$$

推导至此,可以将流体的黏度表示为压力差(ΔP)和体积流量(Q)的函数:

$$\eta = \frac{\tau_{W}}{\dot{\gamma}_{R}} = \frac{\Delta P R / 2L}{4Q/\pi R^3} \tag{7-14}$$

其中 ΔP 和 Q 可以用毛细管流变仪测得。

D 非牛顿流体的剪切速率

根据非牛顿流体的幂定律方程,得到:

$$\dot{\gamma} = -\frac{dv}{dr} = \left(\frac{\tau}{m}\right)^{1/n} = \left(\frac{\Delta P r}{2mL}\right)^{1/n} \tag{7-15}$$

将式(7-15)对 r 积分,边界条件为 $r=R$ 时,$v=0$,就可以得到速度分布为:

$$v(r) = \left(\frac{\Delta P}{2mL}\right)^{1/n}\left(\frac{n}{n+1}\right)(R^{\frac{n+1}{n}} - r^{\frac{n+1}{n}}) = \left(\frac{n}{n+1}\right)\left(\frac{\Delta P}{2mL}\right)R^{\frac{n+1}{n}}\left[1 - \left(\frac{r}{R}\right)^{\frac{n+1}{n}}\right]$$

$$\tag{7-16}$$

式中,m 为幂定律因数;n 为幂定律指数。

将式(7-16)对 r 作整个截面积分,可得体积流量 Q:

$$Q = \int_0^R v(r) \cdot 2r\pi \mathrm{d}r = \pi \left(\frac{n}{3n+1}\right)\left(\frac{\Delta P}{2mL}\right)^{1/n} R^{\frac{3n+1}{n}} \qquad (7-17)$$

在式(7-17)中,若 $n=1$、$m=\eta$,则它就是牛顿流体的体积流量式。

从式(7-15)可知,服从幂定律方程的非牛顿流体在管壁上的剪切速率为:

$$\dot{\gamma}_{\mathrm{w}} = \left(\frac{\Delta PR}{2mL}\right)^{1/n} \qquad (7-18)$$

比较式(7-18)和式(7-17),可得出非牛顿流体的剪切速率与牛顿流体的剪切速率之间的关系式为:

$$\dot{\gamma}_{\mathrm{w}} = \left(\frac{3n+1}{n}\right)\frac{Q}{\pi R^3} = \left(\frac{3n+1}{4n}\right)\frac{4Q}{\pi R^3} = \left(\frac{3n+1}{4n}\right)\dot{\gamma} R \qquad (7-19)$$

7.4.1.2　毛细管流变仪的基本构造

毛细管流变仪的基本构造如图7-8和图7-9所示。其核心部分为一套精致的毛细管,具有不同长径比(通常 $L/D = 10/1$、$20/1$、$30/1$、$40/1$ 等);料筒周围为恒温加热套,内有电热丝;料筒内物料的上部为液压驱动的柱塞。物料经加热为熔体后,在柱塞高压作用下,强迫从毛细管挤出,由此测量物料的黏弹性。

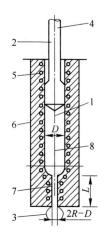

图7-8　毛细管流变仪示意图

1—试样;2—柱塞;3—挤出物;4—载荷;
5—加热线圈;6—保温套;7—毛细管;
8—料筒;L—毛细管长;D—毛细管直径

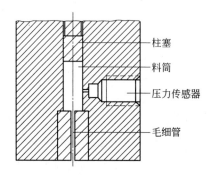

图7-9　毛细管及压力传感器的安排

（图中标注：柱塞、料筒、压力传感器、毛细管）

除此之外,仪器还配有高档的调速机构、测力机构、自动记录和数据处理系统,有定型的或自行设计的计算机控制、运算和绘图软件,操作运用十分便捷。

根据测量原理的不同,毛细管流变仪又分恒速型和恒压型两类。恒速型仪器预置柱塞下压速度为恒定,待测定的量为毛细管两端的压差。恒压型仪器预置柱塞前进压力为恒定,待测量为物料的挤出速度(流量)。

7.4.2 同轴圆筒流变仪

7.4.2.1 基本方程

图7-10为同轴圆筒流变仪原理图[3]。

假定试样是非压缩性流体,进行等温、二维、稳态层流流动。设内筒半径为R_b,外筒半径为R_c,内筒有效高度为L_0,在两筒之间放入被测液体,并使外筒(或内筒)以某一角速度Ω转动。

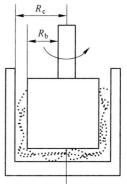

设离中心轴r处,高度为L的圆柱面上的剪应力等于τ,则此圆柱面上的扭矩M为:

$$M = 2\pi r^2 L \tau \qquad (7-20)$$

或

$$\tau = \frac{M}{2\pi r^2 L} \qquad (7-21)$$

稳态时,扭矩M是常数,在内筒和外筒的缝隙中任意两个半径上的流体所受到的扭矩应相等,由此可得内、外筒壁上的剪应力之间的关系式为:

图7-10 同轴圆筒流变仪

$$M = 2\pi R_b^2 L \tau_b = 2\pi R_c^2 L \tau_c = 2\pi r^2 L \tau_r \qquad (7-22)$$

或

$$\frac{\tau_b}{\tau_c} = \frac{R_c^2}{R_b^2} = \lambda^2 \qquad (7-23)$$

式中　τ_c, τ_b, τ_r——流体在外筒内壁、内筒壁以及在半径为r处所受的剪应力,Pa;

$\lambda = R_c/R_b$。

半径为r处的线速度为$u = r\Omega$,将u对r微分,可得:

$$\frac{\mathrm{d}u}{\mathrm{d}r} = \Omega + r\left(\frac{\mathrm{d}\Omega}{\mathrm{d}r}\right) \qquad (7-24)$$

等式右边第一项表示没有剪切发生时装置上所有点的角速度,而内应力是由$r(\mathrm{d}\Omega/\mathrm{d}r)$引起的。在推导同轴圆黏度计的基本方程时,剪切速率的表达式如下:

$$\dot{\gamma} = \frac{\mathrm{d}u}{\mathrm{d}r} = r\left(\frac{\mathrm{d}\Omega}{\mathrm{d}r}\right) \qquad (7-25)$$

当外筒旋转时,线速度u随r增大而增大,所以等式右边不带负号。若内筒旋转,外筒静止,则剪切速率$\dot{\gamma} = \mathrm{d}u/\mathrm{d}r = r(-\mathrm{d}\Omega/\mathrm{d}r)$。

设剪切速率$\dot{\gamma}$是剪应力τ的函数,即:

$$\dot{\gamma} = f(\tau) \qquad\qquad (7-26)$$

则

$$r\left(\frac{\mathrm{d}\Omega}{\mathrm{d}r}\right) = f(\tau) = f\left(\frac{M}{2\pi r^2 L}\right) \qquad\qquad (7-27)$$

另一方面,把式(7-21)对 r 微分,可得:

$$\frac{\mathrm{d}r}{r} = -\frac{\mathrm{d}\tau}{2\tau} \qquad\qquad (7-28)$$

联立式(7-27)和式(7-28)得:

$$\mathrm{d}\Omega = 0.5f(\tau)\frac{\mathrm{d}\tau}{\tau} \qquad\qquad (7-29)$$

将式(7-29)积分可得同轴圆筒黏度计的基本方程式为:

$$\Omega = \frac{1}{2}\int_{\tau_c}^{\tau_b}\frac{f(\tau)}{\tau}\mathrm{d}\tau \qquad\qquad (7-30)$$

式中, $f(\tau)$ 是未知的,随流体而异。上式的边界条件是:对于内壁筒,角速度 $\Omega = 0$,剪应力 $\tau_b = M/2\pi L R_b^2$;外筒的角速度为 Ω ,剪应力 $\tau_c = M/2\pi L R_c^2$ 。

7.4.2.2　牛顿流体

牛顿流体的流变方程为 $\dot{\gamma} = \tau/\eta$,将 $\dot{\gamma} = f(\tau)$ 代入得:

$$\frac{f(\tau)}{\tau} = \frac{1}{\eta} \qquad\qquad (7-31)$$

将式(7-31)代入式(7-30)积分,整理得:

$$\Omega = \frac{M}{4L\pi\eta}\cdot\frac{R_c^2 - R_b^2}{R_b^2 R_c^2} \qquad\qquad (7-32)$$

或

$$\eta = \frac{M}{4L\pi\Omega}\cdot\frac{R_c^2 - R_b^2}{R_b^2 R_c^2} \qquad\qquad (7-33)$$

因为 $\dot{\gamma} = \tau/\eta$,联立式(7-31)和式(7-33)得:

$$\dot{\gamma} = \frac{2\Omega}{r^2}\cdot\frac{R_c^2 R_b^2}{R_c^2 - R_b^2} \qquad\qquad (7-34)$$

于是,外筒和内筒的剪切速率 $\dot{\gamma}_c$ 和 $\dot{\gamma}_b$ 分别为:

$$\dot{\gamma}_c = \frac{2\Omega R_b^2}{R_c^2 - R_b^2} = \frac{2\Omega}{\lambda^2 - 1} \qquad\qquad (7-35)$$

$$\dot{\gamma}_b = \frac{2\Omega R_c^2}{R_c^2 - R_b^2} = \frac{2\Omega}{1 - (1/\lambda^2)} \qquad\qquad (7-36)$$

则

$$\frac{\dot{\gamma}_b}{\dot{\gamma}_c} = \frac{R_c^2}{R_b^2} = \lambda^2 \qquad (7-37)$$

由此可见,对牛顿流体来说,剪切速率和剪应力一样,也与半径的平方成反比。

7.4.2.3 伪塑性流体

伪塑性流体的流变方程为 $\dot{\gamma} = \tau^n / \eta_p$,将 $\dot{\gamma} = f(\tau)$ 代入,两边除以 τ,得:

$$f(\tau)/\tau = \tau^{n-1}/\eta_p \qquad (7-38)$$

将式(7-38)代入式(7-30),积分整理后得:

$$\Omega = \frac{1}{2n\eta_p} (\tau_b)^n \frac{R_c^{2n} - R_b^{2n}}{R_c^{2n}} \qquad (7-39)$$

再将式(7-39)两边取对数,则为一直线方程,即:

$$\ln\Omega = n\ln\tau_b + \ln\left(\frac{1}{2n\eta_p} \cdot \frac{R_c^{2n} - R_b^{2n}}{R_c^{2n}}\right) \qquad (7-40)$$

然后,利用式(7-40),绘出 $\ln\Omega$ 和 $\ln\tau_b$ 关系图,图的斜率即为流动行为指数(幂定律指数)。再将 n 值代入式(7-39)可以求得伪塑性流体的黏度 η_p。

7.4.3 锥板式流变仪

锥板式流变仪的结构见图7-11[3]。该流变仪的锥顶部与平板之间的距离很小,将样品放置在圆锥的平板之间。可以是圆锥转动,也可以是平板转动,一般用于测定黏度和法向压力差,也可以用于测定动态性能和触变性等。

平板与锥体夹角 α 很小(约 0.2～3.0),转动体表面剪切应力:

$$\tau_{\Phi\theta} = 3M/2\pi R^3 \qquad (7-41)$$

剪切速率:

$$\dot{\gamma} = \Omega/\alpha \qquad (7-42)$$

黏度:

$$\mu = \tau_{\Phi\theta}/\dot{\gamma} = 3M\alpha/2\pi R^3\Omega \qquad (7-43)$$

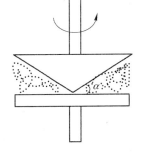

图7-11 锥板式流变仪

7.4.4 各种类型流变仪的优缺点

各种形式的流变仪有着各自不同的用途,也有各自的优缺点[3]。为了便于比较,将它们的优缺点列于表7-1。

表 7-1　各种流变仪的特点比较

项　目	优　点	缺　点	评　述
锥板式	剪切速率处处相等 数据处理简单 直接测定法向压力差 试样用量少	边缘效应大 仪器精度要求高 转速高时试样甩出 悬浮体已发生梗阻	精密流变仪的形式,可测定多种物料函数
同轴圆筒式	黏度计较易制作 对同黏度流体扭矩较大 速度可较高 垂直缝隙,适于悬浮体	剪切速率的非牛顿修正较大 试样用量较多	便易黏度计,适合低黏性、弹性流体
毛细管式	剪切速率范围大 高剪切应力范围 易实现宽温度范围 试样不暴露	试验较繁、难清洗 试验精度低	宽范围表观黏度测定(尤其适合高速高黏度流体)

7.5　实用实例

7.5.1　半固态铝合金(A356)的流变特性[3]

根据前面的分析,在毛细管流变仪中,流体在管壁处的剪切速率最大。用体积流率表示为:

$$\dot{\gamma}_R = \dot{\gamma}_{max} = \frac{4Q}{\pi R^3} \qquad (7-44)$$

同样,用压力差和体积流率表示的表观黏度为:

$$\eta = \frac{\tau_R}{\dot{\gamma}_R} = \frac{\Delta PR/2L}{4Q/\pi R^3} \qquad (7-45)$$

由于在压铸环境下,压室、横浇道和型腔内的几何特征不同,所以为了获得流体流动中各个部位的流动参数,采用流体流动的连续方程来计算不同部位的参数。

$$\rho v_1 A_1 = \rho v_2 A_2 \qquad (7-46)$$

式中　ρ——流体密度,kg/m³;

v_1, v_2——横截面 A_1、A_2 上流体的平均流动速度,m/s。

设半固态金属流为不可压缩流体,则:

$$v_1 A_1 = v_2 A_2 \qquad (7-47)$$

利用式(7-44)和式(7-47)并参照试样的几何尺寸,可得到压室、浇道和平板之间半固态金属流速与剪切速率的相互关系,如表 7-2 所示。

表7-2　压室、浇道和平板之间半固态金属流速与剪切速率的相互关系

项　目	压　室	浇　道	平　板
金属流速 $v/\text{m} \cdot \text{s}^{-1}$	U(冲头速度)	$7.86U$	$4.23U$
剪切速率 $\dot{\gamma}/\text{s}^{-1}$	$37U$	$1248U$	$1692U$

在表7-2和式(7-45)的基础上,计算出不同压室冲头速度 U 的条件下,试样的压室、浇道和平板位置处金属流体的剪切速率,如表7-3所示。

表7-3　位于压室、浇道和平板位置的半固态金属剪切速率 $\dot{\gamma}$ 的计算值

冲头速度 $U/\text{m} \cdot \text{s}^{-1}$	压室 $\dot{\gamma}/\text{s}^{-1}$	浇道 $\dot{\gamma}/\text{s}^{-1}$	平板 $\dot{\gamma}/\text{s}^{-1}$
2	74	2496	3384
4.5	166.5	5616	7614
7	259	8726	11844

从以上分析和归纳得到这样一个结论:在压铸机以相同的冲头速度压射金属熔体时,压室、浇道和型腔内的流体流动速度、剪切速率均不相同。其中以型腔内的流动速度、剪切速率为最大。

由式(7-44)和式(7-45)分别计算出半固态金属触变成型过程中,在管内金属流体流动的黏度(η)和剪切速率($\dot{\gamma}$),得到一组数据(金属锭的加热温度为575℃),见表7-4。根据这些数据,绘出一组平板内的剪切速率和表观黏度之间的关系曲线(图7-12)。同样,图7-13是这组数据的剪应力与剪切速率的关系曲线。

表7-4　第一组试样流变参数测量值和计算值一览表

压力差 ΔP /MPa	流量 Ω /$\text{m}^3 \cdot \text{s}^{-1}$	剪切速率 $\dot{\gamma}$ /s^{-1}	剪应力 τ /MPa	表观黏度 η /$\text{Pa} \cdot \text{s}$	试样数量
128.6	1.91×10^5	1556	1.34	862	3
42.3	2.57×10^5	2089	0.44	212	3
65.3	3.39×10^5	2756	0.68	246	3
8.64	3.69×10^5	3000	0.09	31	3
26	5.06×10^5	4111	0.28	69	3
92	8.06×10^5	6556	0.96	146	3
28	15.99×10^5	13000	0.30	23	3

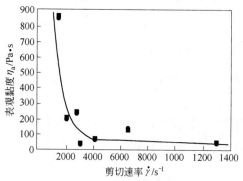

图 7 - 12　平板内剪切速率与黏度	图 7 - 13　平板内剪应力与剪切速率
之间的关系	之间的关系
（铝合金（A356）锭坯加热温度 575℃，	（铝合金（A356）锭坯加热温度 575℃，
动模温度 185℃，静模温度 150℃）	动模温度 185℃，静模温度 150℃）

　　曲线表示出当剪切速率在 2000～10000s^{-1} 的范围内，其剪切速率值与表观黏度之间、剪切速率与剪应力之间的关系均不是线性关系，而是一种非线性关系。即在触变成型过程中，半固态铝合金的表观黏度随剪切速率的增加而降低，这一显著特性正是伪塑性流体的流变特性，所以说在压铸环境下半固态铝合金糊表现为伪塑性的流变特性。这也意味着尽管在大剪切速率的情况下，半固态金属依然有低剪切速率（10^{-3}～10^{3}s^{-1}）时的流变特性。

　　剪切速率小于 4000s^{-1} 时，黏度值急剧下降；当剪切速率大于 4000s^{-1} 时，黏度的下降值趋向缓和并出现极小值，这说明在高速剪切力的作用下，一方面半固态金属中存在的大的固相聚集体被击碎、重组，减小了半固态金属流体的内摩擦力；另一方面，高速剪切力使半固态金属内部摩擦作用加剧，内能增加，造成局部的温度升高，温度升高又使得半固态金属固相分数降低，从而造成半固态金属流体黏度的下降。剪切速率小，则产生的效果相反。

　　金属铸坯加热温度不同，则其固体原有晶粒的熔化程度也不同，客观上表现出半固态金属的黏度不同。显然，二次重熔的温度越高，固体内部晶粒熔化的程度越高，其固相分数越低，黏度也就越低。半固态金属的固相分数与二次重熔温度之间有着一定的关系。判断半固态金属浆料中的固相分数有多种方法。作者则采用在前人试验数据的基础上取平均值的做法，确定半固态金属的固相分数，表 7 - 5 给出了对应温度下半固态铝合金浆料的固相分数。图 7 - 14 是表 7 - 5 的图形表示。

表 7-5 铝合金(A356)的固相分数与温度的关系

温度/℃	固相分数/%	温度/℃	固相分数/%
542	1.0	572	0.5227
550	0.9810	589	0.4100
562	0.8853	601	0.2939
564	0.7255	609	0.1893
570	0.6340	613	0.0

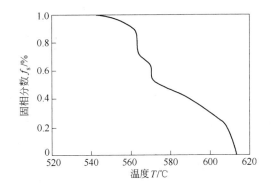

图 7-14 铝合金(A356)的固相分数与温度的关系

　　表 7-5 显示了在不同温度下半固态铝合金具有不同的固相分数。在不同的加热温度下做相同的实验,实验的结果也得到了类似的关系。图 7-15 显示的是当取金属的固相分数分别为 63%(温度为 570℃)、50%(温度为 575℃)和 47%(温度为 580℃)时(误差为 ±3%),计算得出的半固态铝合金的剪切速率与表观黏度的关系(对数坐标)。可以看出,在相同的剪切速率下,半固态金属的

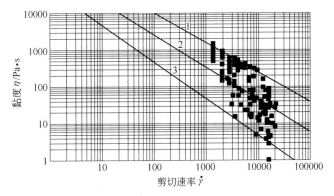

图 7-15 半固态铝合金(A356)的剪切速率与固相分数的关系(对数坐标)的试验值
(铝合金(A356)锭坯加热温度 570~585℃,动模温度 185℃,静模温度 150℃)
1—63% 固体;2—50% 固体;3—47% 固体

黏度随其固相分数的不同而变化,即半固态铝合金的固相分数越低,则它的黏度也就越低。另一方面,在相同的半固态金属固相分数中,半固态金属的表观黏度随剪切速率的增大而减小。

7.5.2　SiCp/2024 复合材料半固态下触变强度的测定

7.5.2.1　试验方案

等温压缩实验在日本导津材料试验机上进行,压缩试样为圆柱体,尺寸为 $\phi 10mm \times 10mm$,从基于粉末法的半固态挤压工艺制得的 SiC 颗粒体积分数为 5%、15% 和 25% 的 SiCp/2024 复合材料棒材上切取加工而成。半固态压缩装置示意图见图 7 – 5[2]。

压缩试验温度分别为 550℃、570℃、590℃、600℃ 和 620℃,对应的 SiCp/2024 复合材料基体合金的液相体积分数为 1%、7%、15%、20% 和 42%。为作比较,对 15% SiCp/2024 复合材料进行 450℃ 和 500℃ 的高温压缩试验。为研究压缩前保温时间的影响,试样在 600℃ 分别保温 5min、10min、20min、40min 和 60min,在 0.1s^{-1} 的恒应变速率下进行压缩试验。为研究应变速率的影响,试样在 590℃ 保温 20min 后,在 $1.33 \times 10^{-3}s^{-1}$、$1.33 \times 10^{-2}s^{-1}$ 和 $1.33 \times 10^{-1}s^{-1}$ 的应变速率下进行压缩试验。为了减小摩擦的影响,在试样两端涂上油质石墨。

7.5.2.2　SiCp/2024 复合材料在半固态下得流动应力

图 7 – 16 分别为 SiCp/2024 复合材料高温及半固态压缩的真实应力 – 真实应变曲线。可见,随压缩温度的提高,在半固态时体现为液相体积分数的增加,材料的变形抗力显著下降。根据试验结果,可以清楚地看出 SiCp/2024 复合材料在高温及半固态下压缩时的应力 – 应变规律,如图 7 – 17 所示。

由图 7 – 16b ~ 图 7 – 16d 可以看出,三种复合材料的应力 – 应变曲线基本相似。与高温压缩应力 – 应变曲线的特点不同,SiCp/2024 复合材料在半固态压缩时的应力 – 应变曲线可以分为三个阶段(图 7 – 17b)。第一阶段(Ⅰ区)为压缩变形的初始阶段,此阶段的变形主要是通过球形固相晶粒沿有液相存在的晶界的相对滑动、转动和自身的塑性变形方式来进行,且它们对试样总体变形的贡献因试样中液相体积分数不同而不同。当液相体积分数较低时,试样中固相颗粒间的相对滑动、转动较为困难,试样变形主要靠固相颗粒自身的塑性变形来完成,因而随着应变的增加,压缩应力增长较快。当液相体积分数较高时,由于固相颗粒间有大量液相的存在,使得固相颗粒间的相对滑动、转动变得容易,而自身的塑性变形较小,因而随着压缩应变的增加,压缩应力增长较慢。直到此阶段结束,试样的压缩应力达到最大值,压缩变形量约为 8% ~ 10%,随后半固态材料进入后续的稳定触变流动过程。因此,在设计具体的半固态触变成型工艺时,

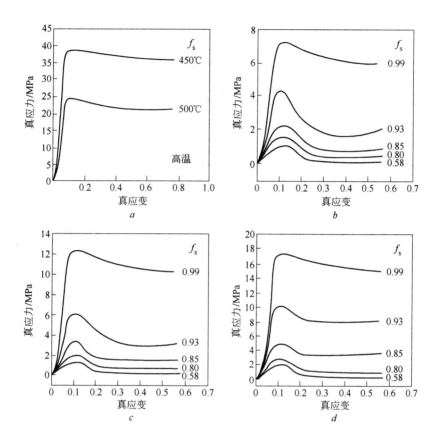

图 7 – 16 SiCp/2024 复合材料高温和半固态压缩真应力 – 真应变曲线

a—15% SiCp/2024(高温); b—5% SiCp/2024; c—15% SiCp/2024; d—25% SiCp/2024

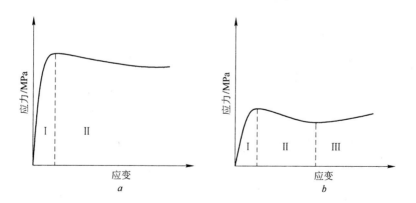

图 7 – 17 SiCp/2024 复合材料在高温和半固态压缩时的应力 – 应变规律

a—固态高温压缩; b—半固态压缩

可以使半固态材料在进入模具腔体之前,先经历一个触变流动的初始化过程,这样就可以使半固态材料更加容易地在模具型腔内流动,同时,流动过程也更加稳定,有利于半固态合金填充模腔中空间窄小的部位。第二阶段(Ⅱ区)为压缩试样的均匀变形阶段,在这一过程中,压缩试样外表层破裂,试样内部的液态金属向外流出,因此随着压缩变形的增加,压缩应力不是增加而是下降,呈现应变软化现象。在实际的触变成型工艺中,半固态材料的这一变形特点对于充型是非常有利的。第三阶段(Ⅲ区)为第二阶段的继续,也是试样变形相对稳定的阶段。在此阶段,压缩应力有所回升,这是由于试样的压缩变形量太大,出现了侧翻,夹头与试样的接触面积迅速增加,进而造成夹头与试样的摩擦力迅速增加,改变了试样内部的应力状态,表现为真应力的回升。同时,随着压缩变形量的增加,使得部分液相与固相分离,液相被挤到试样外表面,试样内部的固相体积分数增加,相应的应力也增加了。

图 7-18 为 15% SiCp/2024 复合材料在高温及半固态下压缩时的峰值流动应力与压缩温度的关系。由图可知,在固态下进行压缩时,随着压缩温度的提高,15% SiCp/2024 复合材料的峰值流动应力几乎成直线急剧下降。这是由于随着温度的提高,基体合金本身的流动应力显著下降,并且 SiC 颗粒对基体变形的阻碍作用变弱,易于顺应基体合金的流动。与固态高温压缩时流动应力相比,15% SiCp/2024 复合材料在半固态压缩时的流动应力继续下降。当试验温度在靠近基体合金

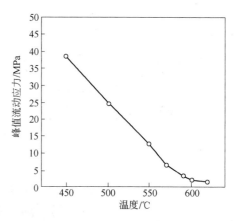

图 7-18　15% SiCp/2024 复合材料压缩时的峰值流动应力与压缩温度的关系

固相线温度的半固态温区内,即基体的液相体积分数较低时,复合材料的流动应力随试验温度的提高迅速下降。尔后,随着试验温度的提高,复合材料的流动应力进一步下降,但其速度减慢,直到试验温度为 620℃时,基体中的液相率约为 0.4 左右,流动应力约为 1.36MPa 左右。这主要是由于当 SiCp/2024 复合材料由固态过渡到半固态时,基体合金晶粒间出现的液相使得试样在经受压缩变形时,基体的球形晶粒易于以相对晶界的滑移和自身转动的方式来适应试样变形的需要,晶粒本身不需要发生大的塑性变形。因此,当试验温度由基体合金的固相线温度提高到半固态温度范围内时,由于变形机制的改变,试样的压缩应力必须骤然下降。但是,在基体合金的半固态温区内,随着试验温度的进一步提高,虽然基体合金晶粒间的液相越来越多,但是能够自由滑动和转动的晶粒数目不

会有太多增加,其变形机制没有改变,故流动应力下降速度减慢。

图 7-19 为不同 SiC 颗粒体积分数的 SiCp/2024 复合材料在半固态压缩时的峰值流动应力与固相体积分数的关系。由图可见,压缩应力随 SiC 颗粒体积分数的增加而增加,在液相体积分数低时尤为明显。这是由于在复合材料中,SiC 颗粒主要存在于晶界处,当复合材料在半固态压缩过程中,尤其进入稳定压缩过程时,SiC 颗粒的存在将增加晶粒相对滑移阻力,随 SiC 颗粒体积分数的提高,晶粒间的滑移阻力增大,同时增大了总体固相体积分数。在温度较低时,由于晶粒间液相较少,基体合金中的晶粒除了相对滑动和转动外,还需要依靠自身的塑性变形来与试样的变形相协调,而 SiC 颗粒的存在除增加滑移阻力外还阻碍位错运动,从而增加了固相晶粒塑性变形抗力。因此,在液相体积分数较低时,SiC 颗粒体积分数对压缩应力的影响尤为明显。

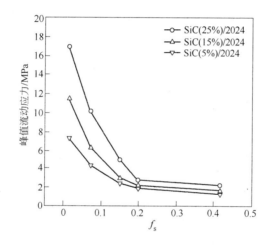

图 7-19 三种 SiCp/2024 复合材料在半固态压缩时的峰值流动应力与固相体积分数的关系

参 考 文 献

[1] G. E. 迪特尔. 力学冶金学[M]. 李铁生等译. 北京:机械工业出版社,1986.

[2] 祖丽君. SiCp/2024 复合材料半固态触变成形研究[M]. 哈尔滨:哈尔滨工业大学出版社,2005.

[3] 杨湘杰. 半固态铝合金(A356)触变成形流变特性及其浇道系统的研究[M]. 上海:上海大学出版社,1999.

[4] 林柏年. 铸造流变学[M]. 哈尔滨:哈尔滨工业大学出版社,1991.

8 流变学在合金加工中的应用

8.1 流变学在凝固加工中的应用

8.1.1 压铸充型中的流变学问题

压铸充型是在高压高速下进行,合金液流动可以认为是带有自由表面的常物性黏性不可压缩牛顿流体的非稳态流动。由于充型时间短,而雷诺数通常大于10^5,其流动被认为是未充分发展的紊流流动,流体前沿是不连续的,甚至有喷射雾化现象。

显然压铸充型中,流体流动模型确认为牛顿流体[1,2]。为此,其模具结构设计、压射压力和压射速度的选取基于这一认识出发。引用流体动力学有关理论存在局限性。因为熔融金属流动时的运动现象被传热过程复杂化了。传热过程所形成的浇口系统和型腔的温度场是不断变化的,使液态合金的黏度也随时间,沿合金的横截面和长度发生变化。压铸充型流动过程,合金液获得高压通过内浇道,以高速充满型腔,而后凝固成型,其中流动过程,包括流动速度、流动方向的设计,就是要遵循流变学原则。

(1)流体的流变特性是属牛顿体,还是属非牛顿体。实际上,合金液温度在填充过程中,发生牛顿体向非牛顿体属性的转变。另外,压力传递受阻,即内浇口处到压力传递可及范围,流动耗能增加,速度下降。

(2)流动方向:即合金液从内浇口出来,作如何流动。文献[2]把压铸充型分成主干型腔充填和非主干型腔填充。前者系指高速合金流,从内浇口以某一角度射入型腔后,沿着填充面流动,并不断改变着力点,并顺势改变填充方向,合金液仍以此形态填充与原型面相连接的面,如此填充一直到末端,称主干型腔。在主干型腔流动的合金液中没有互相冲击、互相会合,流线平稳。因此,主干应是压铸件最重要部位、最大部分,一般占压铸件表面积70%。而非主干型腔,即主干充填金属流作横向扩展或回流,在这里,合金液互相冲击、互相会合,直至填充整个型腔。要达到此目的,必须遵守流变学原则为:内浇道与压铸件主干型腔所属范围内的任意部位可通达的金属流线最短;内浇道压出的合金液流线群的流向应基本一致,并沿着主干型腔扩展填充。以此作指导,进行合理浇注系统设计(含浇注系统位置及入射角)。

（3）压铸充型合金液流变设计中,必须充分考虑不均匀流动充型。由于型壁温度较低(与合金液比)和摩擦阻力存在,充填流动中,存在滞后层;另外型腔厚度变化,亦存在扩展充型或挤压充型等情况,均需予以考虑。

8.1.2　缩松形成的流变学行为

缩松是制件在凝固过程中,由枝晶搭接形成的细小孔道得不到液态金属及时补缩而成型的。通常把由枝晶搭接的空间视为多孔介质,采用达西公式进行理论计算,但文献[1]推导出了一个新公式,通过多孔介质的比流量 q [1]:

$$q = -K_{\mathrm{D}}\left(\frac{\Delta p}{L}\right)\eta_{\mathrm{eff}} \qquad\qquad (8-1)$$

或

$$q = -K_{\mathrm{D}}(\Delta p/L)\left\{[1/\eta_2\exp(t/\theta_1)] + [1 - (4/3)(\tau_s/\tau_{\mathrm{w}})]/\eta_1\right\} \qquad (8-2)$$

式中　K_{D}——枝晶空间的可透性系数;

$\dfrac{\Delta p}{L}$——枝晶补缩层中的压力梯度,MPa/m;

η_{eff}——黏弹性流体的有效黏度,Pa·s;

η_2——开尔芬体机械模型中牛顿体的黏度,Pa·s;

θ_1——开尔芬体的后效时间,s;

η_1——宾汉体机械模型中牛顿体黏度,Pa·s;

τ_s——宾汉体机械模型中圣维南体的屈服值,MPa;

τ_{w}——圆管壁面上的剪切应力,MPa,$\tau_{\mathrm{w}} = -R_{\mathrm{h}}\dfrac{\Delta p}{L}$;

R_{h}——圆管水力半径,m;

Δp——管两端压力差,MPa;

L——管长,m。

当合金的流动时间 t 大于开尔芬体后效时间 θ_1 的 6 倍时,其后效弹性变形已接近极限值,即不能再继续变形参与流动了。随后流动均是宾汉体的黏塑性流动,因此在 $t \geqslant 6\theta_1$ 情况下,式(8-2)应改为[1]:

$$q = -K_{\mathrm{D}}(\Delta p/L)\left\{[1 - (4/3)(\tau_s/\tau_{\mathrm{w}})]/\eta_1\right\} \qquad (8-3)$$

故由式(8-2)和式(8-3)可以推论,铸件凝固过程中,在固液态合金开始对枝晶中孔隙进行补缩时,由于其流变性能机械模型中的开尔芬体参与流动,可使固液态合金的有效表观黏度变小,合金流动性表现稍大。但在补缩流动中,随着流动时间的延长,串联的开尔芬体逐渐丧失流动性,使合金的有效表观黏度增大,最后达到宾汉体所体现的表观黏度。所以在厚大铸件的后阶段凝固收缩时,如果补缩时间超过 $6\theta_1$,合金的补缩能力则由合金的黏塑性决定。

将 τ_W 表达式带入式(8-3),可得:

$$-\frac{\Delta p}{L} - \frac{4\tau_s}{3R_h} = \frac{\eta_1 q}{K_D} \qquad (8-4)$$

式中,$4\tau_s/3R_h$ 项是一个与固液态合金屈服应力和枝晶间孔隙形状有关的参数,它具有压力梯度的单位,又有当 $\Delta p/L$ 值大于 $4\tau_s/3R_h$ 值时,固液态合金在树枝晶孔隙中的比流量 q 才能实现,否则固液态合金不能进行补缩流动,在铸件内产生缩松的缺陷。故可把 $4\tau_s/3R_h$ 定义为临界压力梯度 $(\Delta p/L)$[1]。即:

$$(\Delta p/L)_0 = 4\tau_s/3R_h = \Delta p_0/L \qquad (8-5)$$

所以式(8-3)可写成[1]:

$$q = K_D[(\Delta p/L) - (\Delta p/L)_0]/\eta_1 = K_D[(\Delta p - \Delta p_0)/L]/\eta_1 \qquad (8-6)$$

由此式可推论,只有当枝晶间的压力梯度大于临界压力梯度,或外界压力 Δp 大于与固液态合金 τ_s 和枝晶内孔隙形状特点有关的临界压力值 Δp_0 的时候,铸件的补缩才能进行。而且随着补缩距离的增大,临界压力 Δp_0 的值也随着增大,所需的外界压力 Δp 也要求越来越大。当然这是在考虑温度不变的条件下的情况。

8.1.3　热裂纹形成的流变学行为

研究表明,热裂纹发生在准固相区。首先需要建立较为准确的描述准固相区的力学行为的模型来判断热裂形成的力学条件。通过大量实验得到的流变模型比较适合描述准固相区的力学行为。

8.1.3.1　影响热裂纹形成的因素

文献[3]给出了不同工艺条件对铸钢试样热裂纹的影响。恒应力作用下弹性应变、黏弹性应变和黏塑性应变的流变特性不同,其流变曲线如图 8-1 所示[3]。弹性应变是瞬间应变,在应力作用下瞬时达到最大值,不随时间变化。黏弹性应变和黏塑性应变随时间变化:黏弹性应变随时间增长而逐渐趋于恒定,当时间接近松弛系数的 6 倍时基本达到最大值,黏塑性

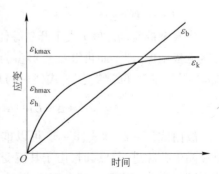

图 8-1　恒应力下 Hook、Kelvin、Bingham
体的应变特性曲线

应变呈线性规律增大,随时间增长而增大。因此,黏塑性应变是热裂纹发生最本质因素。

(1)约束条件。不加刚性限制,热节处没有黏塑性应变集中,不产生热裂;加刚性支撑,热节处发生屈服,并产生黏塑性应变集中,结果产生热裂。

(2)浇注温度。提高浇注温度,使得热节凝固时间延长,热节处应力松弛时间增大,黏塑性应变得以发展,增加了热裂倾向。

(3)受阻长度。两端约束长度愈长,黏塑性应变愈大。

8.1.3.2 热裂判据

当黏塑性应变大于临界黏塑性应变时产生热裂。因此,热裂纹产生需要两个条件:发生屈服和等效黏塑性应变大于临界值[1]:

$$\frac{\overline{\varepsilon}_b}{\varepsilon_{berit}} > 1 \qquad (8-7)$$

式中 $\overline{\varepsilon}_b$——黏塑性应变,%;

ε_{berit}——临界黏塑性应变,%。

式(8-7)成立,便产生热裂,不成立,便不产生热裂。

在流变学研究中,特别强调一个时间因素,即受阻时间。受阻时间愈长,热烈趋势愈大;若受阻时间短,由于应力松弛,等效应力小于屈服应力不产生屈服,没有黏塑性应变产生,因此不发生热裂。

8.2 流变学在塑性加工中的应用

8.2.1 引言

塑性加工过程与凝固加工过程一样,存在着金属的流动问题,没有流动谈不上变形,有流动,亦不一定变形至所希望的制件形状、尺寸和性能。这就需要从流变学角度来认识和探讨塑性加工过程中有关源-流-变的科学问题。

塑性加工中的流变学问题,同样存在着依时性问题,即变形不仅与应力和应变有关,而且与过程经历的时间有关,应该是时间的函数。但是,这一过程经历有长有短,甚至有的发生在一瞬间,如高速锻造,一个工作行程就只有几毫秒。时间对其流动影响有限。本节重点研究对流动发生显著影响的流动过程,如等温锻造和超塑性;时间的影响,也略有涉及,如普通锻造。

8.2.2 蠕变

应力与应变不是表示和确定材料强度的唯一参数。在一定应力作用下,应变随时间延长而增加,称为蠕变。

8.2.2.1　流变曲线

图 8 - 2 表示在固定载荷作用下,拉伸试验所得的蠕变特性的理想曲线[4]。4 种变形特征是明晰可辨的:

(1)试样受力后立即产生的初始延伸(弹性变形);

(2)减速延伸阶段或称蠕变第 1 阶段;

(3)近似等速延伸即蠕变第 2 阶段;

(4)加速延伸到断裂为止,称为蠕变第 3 阶段。

图 8 - 3 表示温度一定,增加拉伸应力;或应力一定,增加温度对蠕变曲线形状的影响。在一定温度下低应力时或在一定应力下较低温度时,蠕变的第 2 阶段的时间延长。在固定载荷的拉伸试验中,在高应力和高温条件下,蠕变第 2 阶段不能持续很长时间,这种试验有时称为持久试验。在这种情况下,蠕变 - 时间曲线只由蠕变第 1 阶段和第 3 阶段组成。然而在适当的应力和温度下(按绝对温度计算,在其熔点的 0.4 倍以上)绝大部分材料都呈现稳定状态的蠕变[4]。

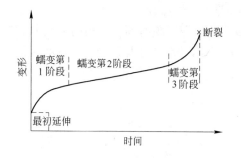

图 8 - 2　固定载荷作用下拉伸试验
所得的理想蠕变曲线

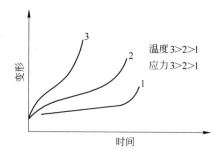

图 8 - 3　在同一应力不同温度或同一
温度不同应力作用下材料的蠕变曲线

当避免了缩颈现象时,由蠕变所产生的全部塑性变形量大得足以和锻造所要求的变形量相当。就是说,蠕变和普通热加工变形的主要区别是应变速率和其他参数。

8.2.2.2　流动模型

(1)不稳定蠕变。不稳定蠕变流动模型可用图 8 - 4 表示[5]。应力 τ 是弹性分量和塑性分量之和。

$$\tau = G\gamma + \eta\dot{\gamma} \qquad (8-8)$$

式中,τ、γ 和 $\dot{\gamma}$ 均是时间 t 的函数,其解为:

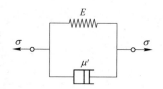

图 8 - 4　不稳定蠕变流动模型

$$\gamma = \left[-\frac{G}{\eta}(t - t_0) \right]\left[\gamma_0 + \frac{1}{\eta}\int_{t_0}^{t} \tau \exp\left(\frac{G}{\eta}t \right)dt \right] \tag{8-9}$$

式中,t_0是初始时刻;当$t = t_0$时,$\gamma = \gamma_0$,故γ_0是$t = t_0$时物体的初始变形。

若$\tau = \text{const} = \tau_c$,$t = 0$,则式(8-9)可写为:

$$\gamma = \frac{\tau_c}{G} + \left(\gamma_0 - \frac{\tau_c}{G} \right)\exp\left(-\frac{G}{\eta}t \right) \tag{8-10}$$

若$t_0 = 0$,$\gamma_0 = 0$,即无初始应变,则式(8-10)改写为:

$$\gamma = \frac{\tau_c}{G}\left[1 - \exp\left(-\frac{t}{\theta_1} \right) \right] \tag{8-11}$$

式中,$\theta_1 = \dfrac{G}{\eta}$。

式(8-11)表明:物体作用一不变的应力时,由于并联牛顿体的作用,其弹性应变随作用时间的延长才逐渐表现出来。只有作用时间相当相当长之后,物体才能获得最大变形量,其值大小由并联虎克体的弹性所决定。此种弹性变形逐渐出现的现象为弹性前效,这种应变在载荷撤去以后会随时间延长而消失,称弹性后效。

有些物体在恒定载荷作用下,出现较慢速度的变形,并存在一个极限值,而在载荷撤去后,变形又会逐渐消失,并称为不稳定蠕变。

当单向拉伸,式(8-8)和式(8-11)改写为:

$$\sigma = E\varepsilon + \eta\dot{\varepsilon} \tag{8-12}$$

$$\varepsilon = \frac{\sigma}{E}\left[1 - \exp\left(-\frac{E}{\eta}t \right) \right] \tag{8-13}$$

当恒应力($\sigma = \text{const}$)作用下,变形将按式(8-13)增长,趋向$\dfrac{\sigma}{E}$,即产生蠕变。

很显然,式(8-8)、式(8-11)~式(8-13)呈现为不稳定蠕变,为流动曲线(图8-5)第1阶段。

图8-5 麦克斯韦流动模型

(2)稳定蠕变。稳定蠕变流动模型可用图8-5来表示[1]。

其机械模型结构公式为:

$$M = H - N \tag{8-14}$$

式中 M——麦克斯韦体。

并有[1]:

$$\dot{\gamma} = \frac{\tau}{G} + \frac{\tau}{\eta} \quad t > 0 \tag{8-15}$$

可求解并得：

$$\tau = \exp\left[-\frac{G}{\eta}(t - t_0) \right]\left[\tau_0 + G\int_{t_0}^{t}\dot{\gamma}\exp\left(\frac{G}{\eta}t\right)\mathrm{d}t \right] \tag{8-16}$$

式中　　τ_0——时间为 t_0 时，在物体上加载所产生的切应力。

若设 $\dot{\gamma} = \mathrm{const} = \dot{\gamma}_c$，$t_0 = 0$，则式(8-16)改写成：

$$\tau = \eta\dot{\gamma}_c + (\tau_0 - \eta\dot{\gamma}_c)\exp\left(-\frac{t}{\theta_2} \right) \tag{8-17}$$

与式(8-11)相似，$\theta_2 = \eta/G$，θ_2 为松弛时间。

1)在时间 $t_0 = 0$ 时，在麦克斯韦体加载一切应力，就立刻出现一种不随时间变化的应变 γ_c，式(8-17)中 $\dot{\gamma}_c = 0$，得：

$$\tau = \tau_0\exp\left(-\frac{t}{\theta_2} \right) \tag{8-18}$$

式(8-18)表明，当麦克斯韦体作用一切应力 τ_0 后，物体便产生变形，而后随时间延长，总保持物体应变不发生变化，即 $\dot{\gamma}_c = 0$，可物体中应力 τ 却随时间 t 的延长而按式(8-18)减小，称其为应力松弛。当 t 趋向无限大，体内应力可能松弛至零。由此可知，松弛是物体一种不依赖时间的变形，能使应力随时间减小的特性，并可用曲线表示(图8-6)[1]。

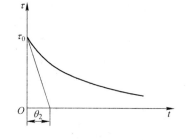

图 8-6　麦克斯韦体应力松弛曲线

2)在时间 $t = 0$，对麦克斯韦体加一载荷，并使其中切应力保持不变，即：$\tau = \mathrm{const} = \tau_c$，则式(8-17)可得：

$$\tau = \eta\dot{\gamma}_c = \mathrm{const} \tag{8-19}$$

式(8-19)表明，加一恒切应力，并出现变形速度为常数的连续变形，其变形规律与牛顿体一样，由 η 所决定。即出现稳定蠕变，是流变曲线(图8-5)第2阶段。

由式(8-19)还可得：

$$\gamma = \gamma_0 + \frac{\tau_c}{\eta}t \tag{8-20}$$

式中　　γ_0——$t = 0$ 时的初始应变。

由式(8-20)可知，麦克斯韦体以一定速度发生蠕变，其蠕变速度为 $\frac{\tau_c}{\eta}$，即速度与施加的切应力 τ_c 成正比,与物体的黏性成反比。

安德雷德(Andrade)[6]指出:恒定应力蠕变曲线代表了两个单独蠕变过程的叠加。此二过程均发生在由加载所产生的突然应变之后。蠕变曲线第一分量是蠕变率随时间而下降的不稳定蠕变;与之相加的是速率恒定的黏滞蠕变分量,如图 8-7[6] 所示,并给出经验公式:

$$\varepsilon = \varepsilon_0 (1 + \beta t^{1/3}) e^{(Kt)} \tag{8-21}$$

式中 ε_0——弹性变形量;

e——在时间 t 内的应变;

β——不稳定蠕变常数;

K——以恒速进行时每单元长度伸长(常数)。

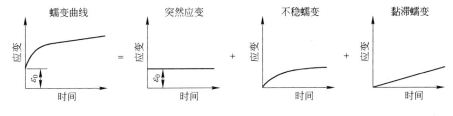

图 8-7　Andrade 模型

文献[6]给出,当温度低于 $0.5T_m$(T_m 为金属浇注温度)时,不稳定蠕变占支配地位;反之,高温蠕变最主要是稳定或黏滞蠕变占支配地位。

8.2.2.3　高温蠕变

当回复速率($\gamma = -\partial\sigma/\partial t$)与应变硬化速率($h = \partial\sigma/\partial\varepsilon$)相平衡,便产生了稳定蠕变,其流动应力必须稳定:

$$\left. \begin{array}{l} d\sigma = \dfrac{\partial\sigma}{\partial t}dt + \dfrac{\partial\sigma}{\partial\varepsilon}d\varepsilon = 0 \\[3mm] \dot{\varepsilon}_s = \dfrac{d\varepsilon}{dt} = -\dfrac{\partial\sigma/\partial t}{\partial\sigma/\partial\varepsilon} = \dfrac{\gamma}{h} \end{array} \right\} \tag{8-22}$$

高温蠕变的重要问题就是要确定稳态蠕变率对应力的依赖关系[6]:

$$\dot{\varepsilon}_s = SL^2 D \left(\frac{\sigma}{E} \right)^5 \tag{8-23}$$

式中 $\dot{\varepsilon}_s$——稳态蠕变率,h^{-1};

S——常数,$10^{20}\,cm^{-4}$;

L——晶粒直径,cm;

D——自扩散系数,cm^2/s;

σ——蠕变应力,Pa;

E——弹性模量,Pa。

8.2.3　普通塑性加工

普通塑性加工指与过程时间无关的金属加工,如热加工、温加工和冷加工等。

8.2.3.1　热加工

热加工指温度和应变速率足以使回复过程(含动态回复和动态再结晶)发生,因而获得大应变而不产生应变硬化。例如轧制、挤压和锻造。热加工一般在高于 $0.6T_m$ 的温度和应变速率高达 $0.5 \sim 500 s^{-1}$ 条件下进行。

热加工的流变模型可用图 8 - 8 表示[1]。其流动模型称普朗特体流动模型,结构式为 P = H - S,由一个虎克体和一个圣维南体相互串联而成,为弹塑性体,当作用切应力小于屈服极限时,物体表现为虎克弹性体流变性能,无塑性变形,即:

图 8 - 8　普朗特体(Prandt Body)流动模型

$$\gamma = \frac{\tau}{G} \quad \tau < \tau_s \qquad (8 - 24)$$

当 $\tau = \tau_s$ 时,物体出现塑性变形,其表现如同圣维南体,即

$$\tau = \tau_s \qquad (8 - 25)$$

因此,普朗特体具有弹性变形的极限,即 $\gamma_s = \frac{\tau_s}{G}$,也即开始塑性变形时刻的应变量。当进行一定的塑性变形后,撤去应力,塑性变形不能消失,而串联的虎克弹性变形是可逆的,如图 8 - 9 所示[1]。

需要指出的是:热加工所涉及的加工方法均有确定的流变模型,并能产生蠕变。因此,热加工过程虽然与时间关系较弱,其变形机制亦是一种蠕变。

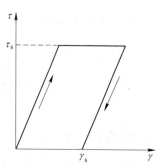

图 8 - 9　普朗特体的流变曲线

8.2.3.2　温加工

温加工指低于热加工的变形温度、高于冷加工的变形温度所实现的金属加工,在加工中还存在加工硬化现象[7]。图 8 - 10 所示钢中塑性加工温度范围,冷变形低于 200℃,温变形 200 ~ 850℃,热变形 850℃以上。温塑性加工目前广泛应用于温锻、温挤压和控制轧制等加工工艺。

温加工的流变学模型可用图8－11表示[1]。

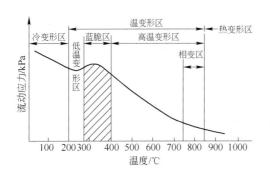

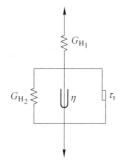

图8－10 钢塑性变形温度范围 图8－11 温加工的流变学模型

它的结构式为:$H_1 - (H_2|N|S)$。当作用切应力 $\tau \leqslant \tau_s$ 时,其流变方程式为

$$\tau = G_1\gamma \qquad (8-26)$$

当 $\tau > \tau_s$ 时,其流变方程为:

$$\left.\begin{array}{c} \gamma = \dfrac{G_1 + G_2}{G_1}\tau + \dfrac{\eta}{G_1}\dot{\tau} \\[3mm] \tau = \tau_s + G_2\gamma + \eta\dot{\gamma} \end{array}\right\} \qquad (8-27)$$

8.2.3.3 冷加工

冷加工指在金属最低再结晶温度以下的各种体积成型或板材成型。实际冷加工一般不经过加热,在室温下进行。冷加工的流变模型如图8－12所示[1],其结构式为 $H_1 - (H_2|S)$。当作用的物体上应力 $\tau \leqslant \tau_s$,其并联系统不能参加变形,只有串联的虎克体能出现弹性变形。其流变方程为 $\tau = G_1\gamma$。当 $\tau > \tau_s$ 时,其流变方程为:

$$\gamma = \frac{\tau_1}{G_1} + \frac{\tau - \tau_s}{G_2} = \left(\frac{G_1 + G_2}{G_1 G_2}\right)\tau - \frac{1}{G_2}\tau_s \qquad (8-28)$$

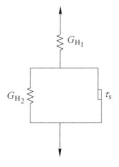

图8－12 具有强化作用的塑性体机械模型

8.2.4 特种塑性加工

8.2.4.1 等温锻造

(1)等温锻造的特点:1)锻造过程必须保持一定温度,使其硬化加工与软化回复相平衡。一般取冷锻温度和热锻温度中间的某一温度或取热锻温度。为确保变形体温度恒定,毛坯加热温度与工具预热温度应取一致。2)低变形速率。

等温锻造过程具有一定黏性,即应变速率敏感性,变形速率尽可能低。

(2)流动模型。通常采用宾汉体模型来描述弹黏塑性材料,如图8-13所示。其结构方程为 B = H - (N|S),且可得下式[1]:

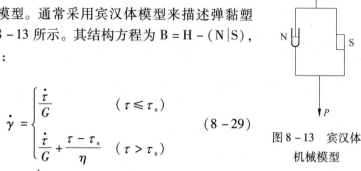

$$\dot{\gamma} = \begin{cases} \dfrac{\dot{\tau}}{G} & (\tau \leqslant \tau_s) \\[3mm] \dfrac{\dot{\tau}}{G} + \dfrac{\tau - \tau_s}{\eta} & (\tau > \tau_s) \end{cases} \qquad (8-29)$$

图8-13　宾汉体
机械模型

式(8-29)为 $\tau - \tau_s$ 线性微分方程式,其解为:

$$\tau = \tau_s + \exp\left[-\frac{G}{\eta}(t - t_0) \right]\left[(\tau_0 - \tau_s)G\int_{t_0}^t \dot{\gamma}\exp\left(\frac{G}{\eta}t\right)\mathrm{d}t \right] \qquad (8-30)$$

如果宾汉体加一载荷,使其变形速度为一不随时间而变化的常数,即 $\dot{\gamma} = \dot{\gamma}_c = \mathrm{const}$,并取 $t_0 = 0$,则式(8-30)便变为:

$$\tau = \eta\dot{\gamma}_c + \left[(\tau_0 - \tau_s) - \eta\dot{\gamma}_c \right]\exp\left(-\frac{t}{\theta'_n} \right) + \tau_s \qquad (8-31)$$

式中,$\theta'_n = \dfrac{\eta}{G}$。

如果在 $t = t_0 = 0$ 时在宾汉体上作用初始应力 τ_0,并使变形量 γ_0 一直保持不变,即 $\dot{\gamma}_c = 0$,则式(8-31)变为:

$$\tau = (\tau_0 - \tau_s)\exp(-t/\theta'_n) + \tau_s \qquad (8-32)$$

这说明宾汉体具有松弛的流变性能。

如果在 $t = 0$ 给宾汉体施加应力 $\tau = \mathrm{const} = \tau_c$,则式(8-26)可改写为:

$$\tau_c = \tau_s + \eta\dot{\gamma} \qquad (8-33)$$

式(8-33)说明宾汉体在不变切应力作用下能产生如牛顿体那样的流动——蠕变。宾汉体流动又称为黏塑性流动。

因此,等温锻造乃是一种黏塑性流动,具有应力松弛和蠕变的变形特征。

8.2.4.2　超塑性

超塑性是指在一定的条件下,在低的应变速率下,某些金属呈现出低强度和大延伸率的一种特性。例如,据报道,在拉伸试验中,许多金属具有很高和均匀的伸长率:相变过程中的钢超过500%,纯钛超过300%,铝锌共析合金超过

1000%。只有流动应力对应变速率的变化非常敏感的金属才呈现超塑性。

（1）流动曲线。利用拉伸试验可求得流变应力曲线,如图8－14所示[8]。

该曲线用双对数坐标表示,曲线斜率为:

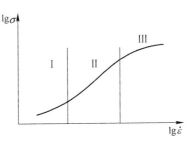

$$m = \frac{\mathrm{d}\ln\sigma}{\mathrm{d}\ln\dot{\varepsilon}} \qquad (8-34)$$

曲线分为 3 个区:Ⅰ为低应变速率区,Ⅱ区为中等应变速率区,Ⅲ为高应变速率

图 8 - 14　超塑性流变应力曲线

区,$\dot{\varepsilon} = 10^{-1} \sim 10^{-2}\mathrm{s}^{-1}$。若以应变速率敏感指数来区分,则Ⅱ区 $m \geq 0.25$ 或 $m \geq 0.3$,而其他两区 $m < 0.25$。Ⅱ区对应超塑性区。

（2）超塑性拉伸的流动方程。不考虑变形过程晶粒变化,仅研究结构超塑性,且在等温下进行,其流动方程包括应力、应变和应变速率[8]:

$$\sigma = \sigma(\varepsilon, \dot{\varepsilon}) \qquad (8-35)$$

经推导得:

$$\sigma = K\varepsilon^n \cdot \dot{\varepsilon}^m \qquad (8-36)$$

式(8－36)即为流动方程,又称黏塑性流变方程,它既考虑了应变硬化,又考虑了应变速率敏感性,在室温下,以应变硬化为主,认为 $m \approx 0$,则:

$$\sigma = K\varepsilon^n \qquad (8-37)$$

在超塑性温度下,可以认为 $n \approx 0$,则:

$$\sigma = K\dot{\varepsilon}^m \qquad (8-38)$$

式中　σ——流动应力;

　　　K——材料的强度常数;

　　　$\dot{\varepsilon}$——对数应变速率;

　　　m——应变速率敏感系数。

材料的 K 和 m 值随温度而变化,一般金属处于平衡状态时,m 值在 0.15 左右;超塑性材料具有较高的 m 值,高达 0.7。较高的 m 值意味着一定的应变速率的变化会引起流动应力的更迅速的增大。适当高的 m 值引起均匀的大伸长量,因为当缩颈开始发生时,缩小截面上的应变速率随即增加,并引起流动应力的相应增加。因此,应变便转移到流动应力较低的截面较大的其他区域上去。

图 8-15 表示应变速率系数对铅锡共析合金伸长率的影响[艾夫利(Avery)和贝柯芬(Backofen)机制][4]。

　　应变速率硬化系数随温度和应变速率以及材料的不同而变化。贝柯芬指出温度稍低于临界温度或相变温度时,伸长量和硬化系数都达到最大值(图 8-16)[4]。在超塑性温度下,这种合金的显微组织是稳定的。产生这种类型的超塑性必须具备细晶(在微米范围内),并允许晶界滑移。在显微组织中不存在介稳定相时,合金的变形必须在超过 1/2 熔点的温度(绝对温度)进行。这种类型的超塑性有时称为显微晶粒超塑性。

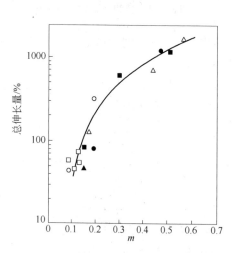

图 8-15　应变速率 m 对各种组织的
Pb-Sn 共析合金总伸长率的影响

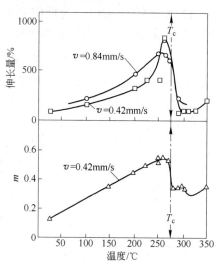

图 8-16　80Zn-20Al 的伸长率和
变形速率敏感性与温度的关系
(T_c 为临界温度)

　　锻造工艺最关心的超塑性特性是低应变速率对降低流动应力的显著作用,而不是关心对塑性的影响。加工工艺中存在用比正常载荷小得多的载荷生产锻件的可能性。例如,应变速率从 $1.0 s^{-1}$ 降低到 $0.01 s^{-1}$ 就会把 $m=0.3$ 的材料的流动应力降低 75%。此外,实际的锻造时间与应变速率成反比,因此在低应变速率下,成型所要求的变形时间长。这一点常常被视为该工艺的缺点。实际上许多情况下锻造时间只是整个加工时间的很短一部分。在一些实际应用中采用低应变速率的工艺方法可省去许多锻造和辅助工序。

8.2.5　应用实例

8.2.5.1　等温超塑性模锻(Gatorizing)

(1)工艺性分析。图 8-17 为车辆制动机滑阀[8],合金为铝锰黄铜(Cu 52% ~

53%,Al 0.5% ~ 2.2%,Mn 4% ~ 5.6%,Pb 0.7% ~ 1.7%,Fe 0.6% ~ 1.2%,其余为 Zn)。原制造方法为:铁模浇注成锭(ϕ90mm × 320mm),然后锻造成条坯,最后机械加工,质量利用率仅为 16.3%。改用冷挤成型,但变形抗力太大,

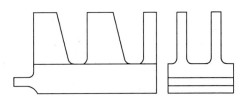

图 8 - 17 车辆制动机滑阀

改用精铸,因强度不高气密性不好,抗腐蚀性差,难以采用。改用超塑性成型,可谓理想选择,其根据在于该合金是一种大晶粒 β 黄铜,冷热塑性加工性能均不好,但在超塑性成型下,具有很好的成型性,如图 8 - 18 所示为工业用铝锰黄铜[9],未经超塑性处理试件的拉伸实验曲线,显示在 380 ~ 430℃之间、应变速率为(1.6 ~ 1.3)× 10^{-3}s^{-1},伸长率可达 300%,并可看出该合金超塑性温度比其他铜合金低。

(2)铝锰黄铜合金超塑性成型[8]。超塑性模具如图 8 - 19 所示。其模具温度控制在 400 ~ 420℃,应变速率控制在 1.4 × 10^{-3}s^{-1};超塑性成型的制件应在 525℃时效 2h,可获得较细的再结晶晶粒。其质量利用率可达 70% 左右。

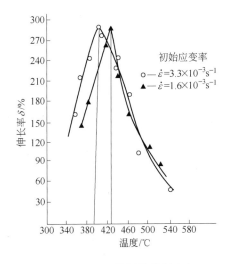

图 8 - 18 铝锰黄铜拉伸温度与伸长率关系曲线

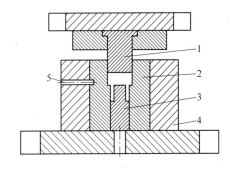

图 8 - 19 滑阀超塑性成型模具图
1—凸模;2—凹模;3—模芯;4—凹模套;5—测温孔

8.2.5.2 等温模锻

A 应用前景分析

等温锻造与等温超塑性的区别在于前者对原始组织没有严格要求,不需要经过预处理以获得细小晶粒组织。但其成型条件,其中对温度的要求,在冷锻温

度至热锻温度之间选取均可,仅要求毛坯温度与模具温度保持一致。应变速率尽可能低。显然,等温锻造工艺广泛应用于难成型合金,例如钛合金和铝镁合金等;或复杂外形及薄壁件、大型板筋件等。

B　高强稀土镁合金制备及强韧化技术研究

通过在 AZ80 镁合金中添加富 Y 混杂稀土,利用形变强化、固溶强化和时效强化等手段获得了常规方法加工的高强镁合金(图 8 – 20)。该合金的抗拉强度 $R_m \geqslant 410MPa$、断后伸长率 $A \geqslant 5\%$,比强度接近 7075 高强铝合金的水平。采用 AZ80 – RE 高强镁合金研制了下机匣体、瞄具座箱体、箱盖、基体、本体,实现了高强稀土镁合金工程化应用,与相应的铝合金零件相比,实现减重 30%(图 8 – 21)。

图 8 – 20　研制的不同规格 AZ80 – RE 高强镁合金棒材

a—$\phi30mm$;b—$\phi45mm$;c—$\phi65mm$

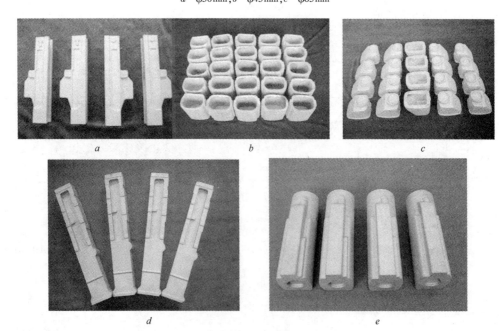

图 8 – 21　AZ80 – RE 高强镁合金典型合格样件

a—下机匣体;b—箱体;c—箱盖;d—本体;e—基体

C 镁、铝合金精密塑性成型技术

采用带有芯轴的挤压凸模将圆环形空心坯料反挤压成筒底带孔的圆筒形零件。采用芯轴直径小于空心坯料的内径,减小了接触面积和接触面上的平均正应力,使金属向两个方向同时流动,挤压力是普通成型力的 1/4;同时直接成型出轮毂、轮辋中心,省去后继冲孔或机械加工。采用该技术成型的镁合金轮毂,抗拉强度 $R_m \geq 380$MPa、断后伸长率 $A \geq 10\%$,材料利用率 $\geq 80\%$,与铝合金相比,实现减重 30%;采用该技术成型出的铝合金轮辋,抗拉强度 $R_m \geq 590$MPa、断后伸长率 $A \geq 10\%$,材料利用率 $\geq 95\%$(图 8 - 22)。

图 8 - 22 省力与近均匀精密塑性工艺成型的镁、铝合金零件

a—镁合金轮毂;b—铝合金轮辋

采用理论分析和试验研究相结合的方法对镁合金等温精密成型的变形机理、工艺参数优化、精度控制、润滑技术、模具加热与控温技术以及模具强韧化等共性关键技术进行了深入研究,实现了镁合金等温精密成型技术在装备上的工程化应用(图 8 - 23)。成功开发了 MB26 高强镁合金后盖、筒体、弹托,取代了机加工工艺,成型件尺寸精度达到 IT11 ~ IT12,抗拉强度 $R_m \geq 380$MPa,断后伸长率 $A \geq 11\%$,材料利用率 $\geq 92.3\%$。

图 8 - 23 等温精密塑性成型镁合金零件

a—镁合金后盖;b—镁合金筒体;c—镁合金弹托

8.3 流变学在半固态金属加工中的应用

目前应用于生产的典型半固态金属加工过程主要有模锻、压铸和射注 3 个过程。本节试图运用前面的理论分析和实验观察,对前两种过程本身的流变学问题进行粗浅分析。

8.3.1 剪切应力场的生成

半固态金属加工的基本特征是:加工体属触变体,具有"剪切变稀"的力学行为和依时特征。而剪切变稀的力学条件是必须形成一个剪切应力场,作用于加工体,以产生"解聚"和"重构"的组织变化。

8.3.1.1 压缩变形下的剪切应力场

一般模锻和压铸均属压缩变形情况。剪切应力场形成的直接原因是金属流动不均匀。其基本形式有:

(1)相邻金属流速大小不同[9]。例如镦粗时,由于坯料与工具接触面摩擦影响,存在 3 个变形板块,如图 8 – 24 所示。

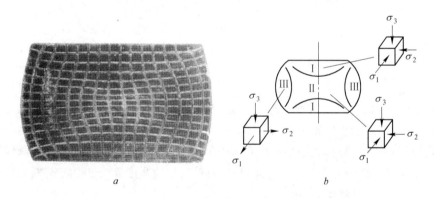

a　　　　　　　　b

图 8 – 24　平砧镦粗时坯料子午面网格变化(a)和 3 个分区(b)

从图 8 – 26 看出,不同高度径向流速不一致,以中部流速最大,导致相邻金属间经受剪切变形。又例如挤压时,坯料中心部位与周边流速相差很大,造成坯料承受纯拉伸变形,而周边承受剪切变形。其原因是坯料与挤压模腔壁接触处存在较大的摩擦,如图 8 – 25 所示[6]。

图 8 – 25a 近似均匀变形,属坯料润滑良好,或静液挤压和反挤压(图 8 – 25d);图 8 – 25b 属挤压筒摩擦较大情况,挤压模角处网格强烈扭曲;图 8 – 25c 属挤压筒与坯料界面间存在很大的摩擦,金属流动集中于中心,出现一内部剪切面。当坯料表面受低温挤压筒激冷时也可能出现这一情况。

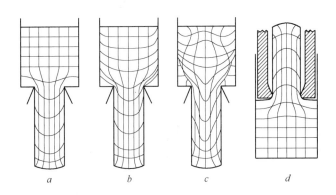

图 8-25 挤压变形下引起的剪切变形

(2)金属流动方向突然变化。这种情况最典型是等径道角挤压(ECAE),在半固态加工输送金属中常见。其基本原理是[3]:存在剪切变形。

实例1:压铸下的注射系统。半固态浆料从压射室经横浇道至内浇口射入模腔,其流道多次变化,其间经受剪切变形,如图 8-26 所示[10]。

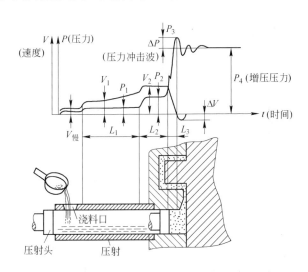

图 8-26 半固态压铸下浇道系统变化引起的剪切变形

实例2:半固态间接模锻。其内浇口处金属流向发生改变,形成很大的剪切变形。如图 8-27 所示[11]。

8.3.1.2 搅拌下的剪切应力场

搅拌制浆和搅拌输送相结合成了射注触变成型的基本原理。究其机制乃是金属在搅拌过程中不断改变流动方向,形成一个瞬时变化的剪切应力场。因此,

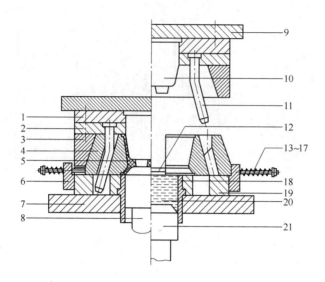

图 8-27   半固态间接模锻模具结构图

1—凸模压板;2—弯销压板;3—锁模套;4—可分凹模;5—制件;6—挡板;7—下模板;
8—顶杆;9—上模板;10—凸模;11—弯销;12—导轨;13~17—可分模块定位部件;
18—导套;19—下模压板;20—合金液;21—压头

在搅拌条件下,其剪切应力是不断变化的。

8.3.2   半固态金属模锻成型

8.3.2.1   主要工艺过程

半固态模锻成型的优势有:它可以适应高固相体积分数坯料成型条件,满足
形状复杂、尺寸精度和力学性能高结构件生产的需求,组织生产容易,是一种正
在推进应用的新的成型方法。可部分替代形状复杂的锻造生产的制件。这也是
本书作者所致力的研究方向。其工艺过程如图 8-28 所示。

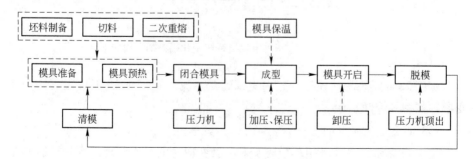

图 8-28   半固态模锻工艺流程图

半固态模锻以触变成型为主。坯料制备是关键。坯料制备应满足质量稳定、成本低廉和保证供应等硬指标。目前以电磁搅拌和 SIMA 为主,但成本较高,还需作新的探索,使其成本大幅降低,该工艺方法才可能有大的发展。作者曾试图采用商业挤压棒材作坯料,其关键在于球化工艺(二次重熔)是否满足生产工艺的要求。

(1)坯料剪切。采用精密剪切使其坯料质量较好地满足制件充填的要求。

(2)二次重熔。二次重熔的目的是使毛坯组织进一步球化,并满足成型对温度(固相体分率)的要求。其中加热温度、保温时间及其加热方式需要科学制定和严格控制。采用多工位电感加热或连续电阻炉加热均能满足成型的要求,关键在温度的控制。

(3)搬运。如何快速把已加热好的坯料迅速转移到模具中,使坯料不形成"象足"或过多温度损失,乃是连续生产中所面临的技术难关。一般采用机器人并配有特殊夹持工具。

(4)合模加压。合模时应分段控制合模速度。当安装在上模的凸模尚未接触模内的坯料时,其速度可大些,即称为"快速闭模"。一旦接触,使坯料在压力作用下产生"剪切变稀"流动时,应尽量缓慢,即所谓"慢速加压"。

(5)卸压及脱模。合模加压,停留一定时间后,上模卸压上行,顶出制件,进行模具残料清理和喷涂涂料,完成一个成型周期,转入下一周期。其中脱模也是一个关键工序,可能由于顶动作设计不合理或操作不当出现废品,尤其当有残料挤入模具缝隙时,应特别注意。

8.3.2.2　半固态模锻用模具设计流变学分析

半固态模锻生产时,工艺参数的正确采用是获得优质制件的决定因素,而模具则是提供能够正确选择和调整有关工艺参数的基础。

半固态模具在生产过程中所起的作用有:

(1)决定制件的形状和尺寸精度;

(2)对正在凝固的半固态金属施以机械压力,其模具强度要确保施压的要求;

(3)进行制件的热交换以控制和调节生产过程的热平衡;

(4)操作方便,包括转移、施压和顶出等工步,有利于提高生产效率,提高模具寿命和降低成本的要求。

由此可见,制件的形状和精度、表面要求和内部质量、生产操作进行程度(稳定生产)等方面常常与半固态锻模的设计质量和制造质量有直接关系。

A　半固态模锻的流变学行为

半固态模锻流变学行为研究应包括:(1)压力如何有效传递到坯料,使其产生"剪切变稀"的充填流动;(2)流变场设计,以保证坯料按设计作定向流动,实现有效充填;(3)流变参数的计算和选择。

a　加压方式

半固态模锻加压方式有平冲头挤压法和异形冲头加压法两种,如表 8 - 1 及图 8 - 29 ~ 图 8 - 33 所示。

表 8 - 1　半固态模锻工艺方法的分类

类别		工艺方法特点	示意图
平冲头加压	直接	制件最终形状由凹模的形状确定。冲头施压时,金属液不做向上移动。适用于锭料或形状简单的厚壁件成型	图 8 - 29
	间接	制件最终形状由合模后封闭的模腔形状确定,制件尺寸精度高。冲头施压时,金属液作充填模腔流动,并通过内浇道把压力传递到制件上。该工艺使用于产量较大,形状复杂或小型零件生产,也可生产等截面型材	图 8 - 30
异形冲头加压	凸式	合模时,冲头插入坯料中,使部分坯料向上流动,以填充由凹模壁和冲头组成的闭合模腔,获得制件的最终形状。冲头的压力直接加在制件的上端面和内表面,加压效果好。该工艺适用于壁较薄、形状较复杂的制件成型	图 8 - 31
	凹式	合模时,冲头插入坯料中,使坯料沿冲头内型面作反向的填充模腔运动,获得制件最终形状,压力是通过冲头端面或内型面直接施压在制件上的。该工艺适用于壁较薄,形状较复杂的制件的成型	图 8 - 32
	复合式	合模时,冲头凸部插入金属液,使其反向流动,填充冲头的凹部,并在冲头端面和内凹面的作用下成型,从而获得制件。适用于复杂制件成型	图 8 - 33

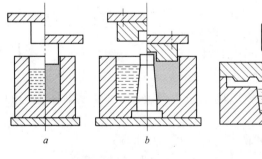
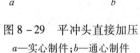
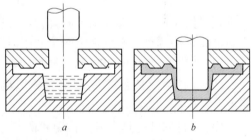

图 8 - 29　平冲头直接加压
a—实心制件;b—通心制件

图 8 - 30　平冲头间接加压
a—加压前;b—加压时

b　半固态模锻件形状特征

半固态模锻件多属短轴类制件,最典型的有轴对称实心体、空心体和杯形件;另外,还有长轴类件、形状与压铸件相近的复杂件。但实际生产中,要想获得优质制件,壁厚是首要考虑的因素。这是因为,半固态模锻时,制件内压力分布

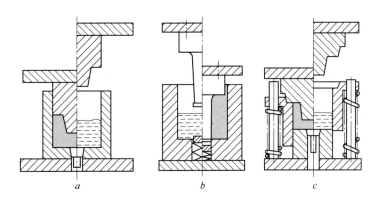

图 8-31 凸冲头加压

a—杯形件(固定下模);b—桶形件(可动底板);c—杯形件(动下模)

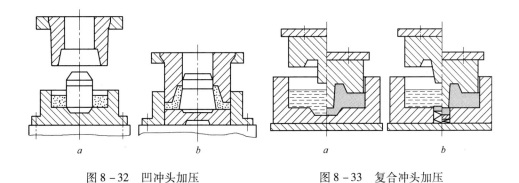

图 8-32 凹冲头加压

a—加压前;b—加压时

图 8-33 复合冲头加压

a—法兰盘形件;b—通孔法兰盘形件(活动底板)

是不均匀的,而且是不断变化的。由于摩擦力造成的压力损失使制件中紧靠加压冲头的部位受力大,而远离的部位受力小;由于加压冲头受到结晶硬壳越来越大的支撑作用,使制件内层后结晶时所受压力总是低于先结晶者;另外,由于开始加压时间的存在,制件中总有部分表层是在非加压条件下凝固的。因此,为确保最佳加压效果,设计时必须注意以下几点:

(1)尽量把制件重要受力部位或易产生缩松的部位靠近加压冲头;将加压前的自由凝固区和冲头挤压冷隔放在零件的不重要部位或制件的加工余量中去;

(2)壁厚比较均匀的制件,可以"同时凝固"的原则进行设计。个别薄壁处应适当加大厚度,以避免过早凝固后,妨碍冲头压力向其他部位传递;个别厚壁处需适当减薄或使其快冷,以防止凝固过晚而造成补缩不良;

(3)壁厚相差较大的制件,可用"顺序结晶"的原则进行设计,将薄壁处远离加压冲头使其优先凝固;壁厚处靠近加压冲头而后凝固。为此,需适当调整制件个别部位的尺寸。

(4)间接冲头挤压或有内充填道的半固态模锻必须有足够厚度的内填充口,以保证对制件的压力补缩。有条件时,应尽可能使制件达到"顺序结晶"的目的,就像双冲头压铸那样。

B 半固态模锻下的金属流动

半固态模锻下的金属流动有:镦粗流动、镦挤流动和压注流动。平冲头直接加压表现为短距离充填,其特征是:高向减缩,径向增大的短距离充填。其流动量很有限,适用于实心类制件成型。异形冲头加压属镦挤流动,其特征是,镦粗和挤压相结合,形成各种内腔或凸起、凹陷等。其金属流动量较大,适用于各种较复杂形状成型。平冲头间接加压。与压铸充填相类似,半固态浆液通过较粗的内浇口进入闭式模腔。此时浆液承受较大的剪切,发生"剪切变稀"充填。适用于成型各种壁厚较薄的复杂壳体件。

(1)镦粗充填。镦粗充填的特征有:高向减缩,径向扩展,实现短距离充填,如图8-34所示[12]。对于幂律流体,Bird等人的推导结果为[12]:

$$P = \frac{-\dot{h}}{h^{2n+1}}\left(\frac{2n+1}{2n}\right)^n \frac{\pi k R^{n+3}}{n+3} \tag{8-39}$$

式中 P——外载荷,kN;

$\dot{h} = dh/dt = U_z(z=h)$,m/s;

n——幂指数,值为0.2~0.7;

k——稠度;

R——模腔内径,m。

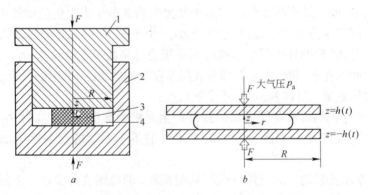

图8-34 镦粗充填流变示意图

a—镦粗模具;b—镦粗流动示意图(柱坐标,坯料初始高度为h_0)

1—阳模;2—阴模;3—料锭;4—模腔

（2）挤压充填。挤压充填与反挤
压相似,如图 8-35 所示[13]。

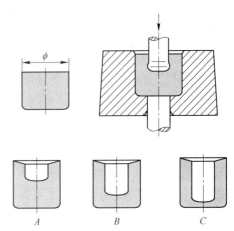

半固态金属在冲头端面的作用下
流入凸凹模组成的环形通道,实现充
填流动。其充填过程可分 3 个阶段:
第 1 阶段,凸模端面与半固态金属相
接触,并施以外载荷,产生镦粗流动。
此时,端面下的半固态金属径向扩展,
经受剪切变形,同时,实现反向充填的
触变流动。挤压力急剧增长。第 2 阶
段,凸模继续下行,迫使更多半固态金
属作充填流动,此时的变形区还未变,
只是凸凹模之间的环形间隙不断为反

图 8-35 挤压充填示意图

向的半固态金属所充填。第 3 阶段,充填完毕,此时凸模下行停止。

可以采用反挤压变形力公式[13]近似计算充填流动的变形力:

$$p = \sigma_t \left[\frac{D^2}{d^2} Lu \frac{D^2}{D^2 - d^2} + \left(1 + Lu \frac{D^2}{D^2 - d^2} \right) \left(1 + \frac{\mu}{3} \frac{d}{h} \right) \right] \qquad (8-40)$$

式中 D, d——凹模内径和凸模外径,m;

μ——半固态金属与凸模端面流动时的摩擦系数;

h——半固态毛坯原始高度,m;

σ_t——触变强度,$\sigma_t = k \cdot \dot{r}^n$,n 为流动指数,k 为稠度系数。

（3）压注充填。压注充填原理如图 8-36 所示[14]。首先把半固态坯料置于
模腔,上模下行封闭挤压模腔,对坯料实现镦挤,充填模腔成型(图 8-36b)。其
加压方式与正挤压相似。

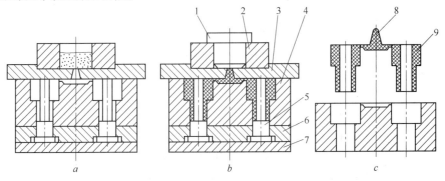

图 8-36 压注触变成型

1—上冲头;2—挤压室;3—上模座;4—凹模;5—凸模;6—凸模固定板;7—下模座;8—余料;9—制件

8.3.2.3　两种典型半固态模锻模具结构

A　压挤充填模具结构

压挤充填模具典型结构的特征有:必须有足够半固态金属流动的空间,以实现"剪切变稀"的充填流动;闭合与开启模具行程较长,以确保凸凹模之间有足够的行程;必须有导向装置。

(1)实例1:反挤压充填。图8-37为活塞半固态模锻模具结构[15]:加热至半固态温度的坯料置于凹模11,由凸模块8、9组成的凸模对毛坯施压,使坯料产生"剪切变稀"充填,并迫使浮动顶杆18下降,当凸凹模相接触,利用弯销10迫使可分凹模压紧,浮动顶杆向上再加压、保压,直至过程结束。取下合模块4,凸模回程,由于燕尾槽作用,使凸模9向中心移动,直至与制件凸台分开,凸模继续上行,在弯销10的作用下,可分凹模13分开,制件在浮动顶杆的作用下从凹模顶出。

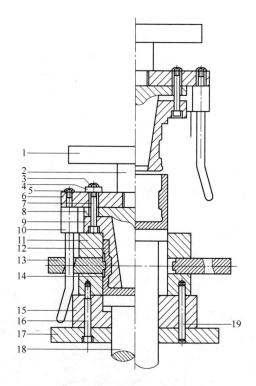

图8-37　反压式半固态压挤模具结构图

1—上模板;2—模柄;3,5—活塞;4—合模块;6—凸模连接板;7—拉杆;8—内凸模;
9—外凸模;10—弯销;11—凹模;12—制件;13—可分凹模;14—防胀板;
15—凹模垫板;16—螺栓;17—下模板;18—浮动顶杆;19—定位销

(2)实例2:复合压挤充填。图8-38为铝轮毂复合挤压模具结构。坯料加热至半固态温度后,置于压室内,凸模10下行,弯销11进入凹模孔槽,将可分凹模4缩紧,迅即压头对坯料加压,实现"剪切变稀"充填过程。

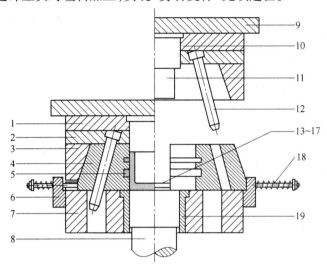

图8-38 铝轮毂半固态压挤,模具结构图

1—凸模压板;2—弯销压板;3—锁模套;4—可分凹模;5—制件;6—挡板;7—下模板;8—顶杆;
9—上模板;10—凸模;11—弯销;12—导轨;13~17—可分模块定位部件;18—导套;19—下模压板

B 半固态压注模结构

压挤与压注的区别在于,后者有一个粗的内浇口,确保半固态金属获得大的剪切变形,平稳地实现"剪切变稀"充填。

实例1:同向式压注充填。如图8-39所示,把加热好的半固态坯置于压室

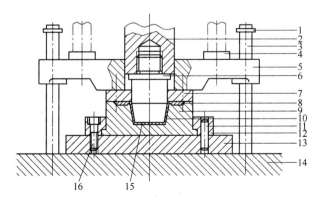

图8-39 同向式半固态压注充填模具结构图

1—挡块;2—主缸活塞杆;3—立柱;4—辅助缸活塞;5—活动横梁;6—凸模;7—上凹模板;8—制件;
9—凹模;10—浇道;11—定位销;12—凹模压板;13—下模板;14—工作台;15—余料;16—螺栓

内,利用专用压机活动横梁合模,同步镦粗坯料,半固态金属沿凸模和压室壁组成的间隙向上流动至内浇口。由于流动方向的改变,半固态金属在充填时,经受大的剪切变形,实现"剪切变稀"充填[15]。

实例2:对向式半固态压注充填。如图 8-40 所示,凹模为水平式分模,由主缸合模。半固态坯加热后置于顶杆 17 和导套 16 组成的压室内,然后顶杆上行,当坯料与分流锥相遇时,经内浇口,实现"剪切变稀"的充填流动[15]。

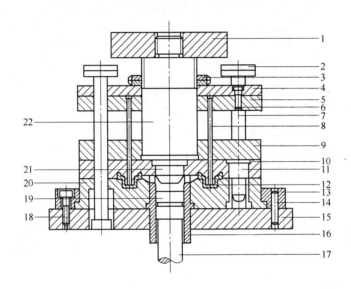

图 8-40   对向式半固态压注充填模具结构图

1—上模板;2—打料拉杆螺母;3—打料板定位螺母;4—打料压板;5—打料板;6,18—螺栓;
7—打料拉杆;8—打料杆;9—上凹模压板;10—上凹模板;11—导正销;12—制件;
13—凹模压板;14—定位销;15—下模板;16—导套;17—顶杆;19—压头;
20—下凹模板;21—分流锥;22—模柄

8.3.2.4   工艺应用实例

(1)镁合金机匣体触变模锻。镁合金机匣体是一次承力结构件,对其力学性能、形状尺寸及表面质量有严格的要求,过去一直采用机械加工制造,材料利用率低(仅为 30%)。采用半固态加工是一种较好的选择。其工艺参数为:坯料重熔温度 570℃,保温 8min,模具温度 350℃,冲头压下速度 15mm/s,保压时间 10s,压力 350MPa。图 8-41 为成型件,表面质量良好,力学性能满足使用要求[16]。

(2)镁合金筒体件半固态成型。采用变形态的 AM60 半固态坯料,毛坯尺寸 φ75mm×35mm。其工艺参数为:坯料重熔温度 570℃、保温 5min、模具温度 400℃、冲头压下速度 15mm/s、保压时间 20s、压力 200MPa。图 8-42 为成型件,表面质量良好,力学性能满足使用要求[17]。

图 8 – 41 AZ91D – RE 镁合金材料机匣体半固态成型件

图 8 – 42 AM60 镁合金筒体半固态成型件

8.3.3 半固态金属压铸成型

半固态压铸实质是在高压作用下使半固态坯料以较高的速度充填压铸型型腔,并在压力作用下凝固和塑性变形而获得制件的方法。高压和高速是半固态压铸的两大特点。通常采用的压射比压为 20 ~ 200MPa,填充时的初始速度(称为内填充口)为 15 ~ 70m/s,填充过程在 0. 01 ~ 0. 2s 内完成。半固态压铸通常分为两种:第一种将半固态坯料直接压射至型腔里形成制件,称为流变压铸;第二种将半固态浆料预先制成一定大小的锭块,需要时再重新加热到半固态温度,然后送入压室进行压铸,称为触变压铸。图 8 – 43 是半固态压铸工艺示意图。

8.3.3.1 半固态压铸过程

这些年来,半固态成型技术发展了两种截然不同的商业应用:(1)压铸设备上的水平半固态压铸;(2)压铸设备上自下而上的半固态模铸。

最初,麻省理工学院把半固态材料认为是一种为传统高压压铸技术提供的原料。看起来,压铸好像是一种比较理想的成型半固态材料的方法,因为:(1)采用刚性的钢模具,具有最高的精确度;(2)使用高压注射或压缩力;(3)高度自动化。半固态原料的黏性可以减少充填过程中的紊乱,也会减少由于收缩和空气夹杂产生的气孔。无论如何,尽管在制件整体性上得到了很大的提高,早期半固

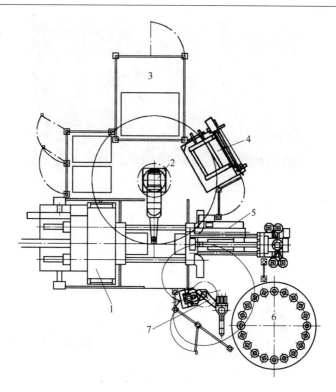

图 8-43 半固态压铸工艺布置示意图

1—连续供给合金液;2—感应加热器;3—冷却器;4—流变铸锭;5—坯料;
6—坯料重新加热装置;7—压射室

态制件的力学属性并没有提高到满足实际应用的需求,特别是延展性方面。这可能是由于那个时候生产半固态原料所采用的机械搅拌技术,也有可能是采用了原来标准的模锻工艺和设备,并没有对工艺和设备作出适当的修改,以生产高质量的零件。无论哪个原因,在成型过程中,都有一种产生氧化物的强烈趋势,从而半固态加工不被认为是一种高质量的加工方法。

8.3.3.2 半固态金属压铸流变学分析

在压铸环境下,流体的流动为压力流动,其流动现象与毛细管内的流体相似(图 8-44)[18]。

(1)半固态金属充模分析[14]。现在以半固态 A356 为例,进行讨论。如图 8-45 所示。充模过程中,铝合金糊首先进入浇注系统,然后呈流线形充入模腔。在工艺条件合适的情

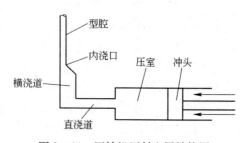

图 8-44 压铸机压射金属结构图

况下,呈扩展流动,如图 8 - 46 所示。扩展流动分 3 个阶段:前锋呈辐射状流动、前锋呈圆弧状流动和前锋匀速流动。

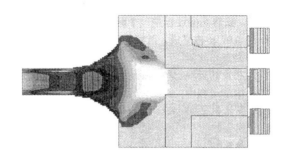

图 8 - 45 半固态铝合金触变成型中金属的流动状态

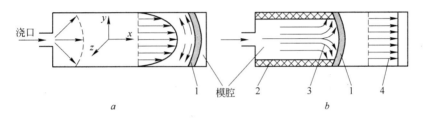

图 8 - 46 扩展流动模型

a—前锋料头的变化;b—流速概况

1—低温熔模;2—聚合物的冷固层;3—熔体流动方向;4—低温熔膜处的流速分布

当半固态金属从内浇口流入模腔,便迅即形成一个流出源,并向模腔内壁作扩展流动,呈辐射圆弧状;呈扩展运动的半固态金属继续向内壁扩展,直至与模壁接触,受模壁约束,扩展流动将呈向前流动趋势,且中心部金属流动快,近模壁金属由于摩擦作用,流动较慢,呈圆弧状流动;随着第二阶段的发展,由于空气界面作用,前锋金属温度将下降,形成一个低温半固态黏性流动区(前沿膜),金属在该区的阻滞下,向前流动将趋向一致。

(2)半固态金属触变成型流场分析[18]。采用数值模拟和实验方法,对半固态铝合金充填时的流场进行了对比分析。模拟时采用的基本方程包括连续性方程、运动方程和能量守恒方程。其流变本构方程和黏度方程如下:

$$\left.\begin{array}{l} \tau = k\dot{\gamma}^{n} \\ \eta = k\dot{\gamma}^{n-1} \\ k = 9.12 \times 10^{-14} \times 10^{0.0047} \\ n = 4.03 - 0.004T \end{array}\right\} \quad (8-41)$$

运用 MAGMAsoft – thixo 软件在压铸环境下进行模拟和实验,其充型量按 70%、75%、85% 和 90% 变化。

1) 充型过程。

① 在充型的 4 个阶段中,无论是平行于金属流动方向前沿的合金位置和形态,还是垂直金属流动方向前沿的合金位置和形态,模拟结果均能较准确地反映实验结果,说明其流变方程、黏度方程可描述半固态铝合金的充型流动过程。

② 半固态金属触变压铸充填过程时间极短,可以视为一个等温过程,其温度在 570 ~ 580℃ , f_s 在 0.5 ~ 0.6 之间变化,反映了该固相体积分数有较好的充型过程。

③ 在半固态金属压铸触变充型过程中,金属充型顺序为:从内浇口出来后,充填厚度为 5mm 的截面区(见图 8 – 47a 和图 8 – 47b);然后充填厚度为 3mm 的截面区(图 8 – 47c 中 A 点)和厚为 1mm 的截面区(图 8 – 47c 中的 B 点)。

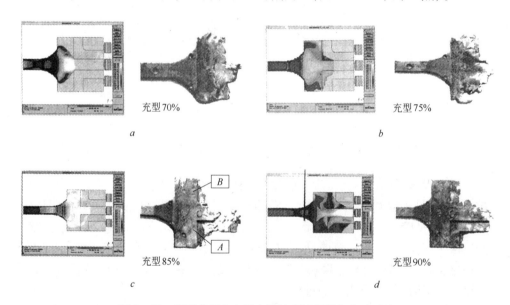

图 8 – 47   半固态铝合金触变压铸充填模拟与实验对比

2) 温度场模拟与实测。

由于模具预热:静模为 150℃ ,动模为 185℃ ,合模后分型面温度约为 180℃ (见图 8 – 48a),所以曲线的前沿有一台阶,而模拟时设置静模温度为 150℃ ,合模温度升到 180℃(图 8 – 48a 中 A 点)。当半固态金属充型时,由于金属与模具强烈传热,使温度从 575℃ 降至 415℃(图 8 – 48b 中 B 点),模拟与实测两曲线非常接近(图 8 – 48a 中 B 点)。

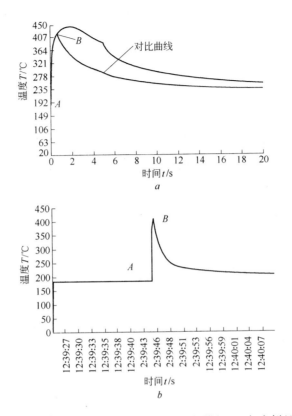

图 8-48 半固态铝合金触变压铸温度场模拟(a)与实例(b)

3)压力模拟与实测。当充型结束,压射冲头速度几乎为零,冲头仍在增压状态:模拟压力 52MPa(图 8-49a 中 A 点),而实测压力可达 95MPa(图 8-49b 中 A 点),相差较大。影响因素乃是多方面的,其中压室与腔壁摩擦是主要因素。

8.3.3.3 压铸模设计中的流变学问题

A 挤压系统设计

挤压系统是指半固态金属在压射冲头作用下,由挤压室挤出后,平稳地到达模腔所流经的通道,并在熔体充模和成型过程中,将注射压力和保压压力有效地传递到成型件各部位,以获得组织致密、外形清晰、表面光洁和尺寸精确的制件[18]。

挤压系统含直浇道、横浇道和内浇口三部分。与全液态压铸浇道系统相比,半固态压铸的挤压系统存在诸多不同之处。这是基于半固态金属黏度高,成型温度低的缘故。文献[9]设计出用板类零件的扇形单挤压道和分枝挤压道两大系统的 5 种挤压道系统,包括直线扇形挤压道、微弧扇形挤压道、直线分枝挤压

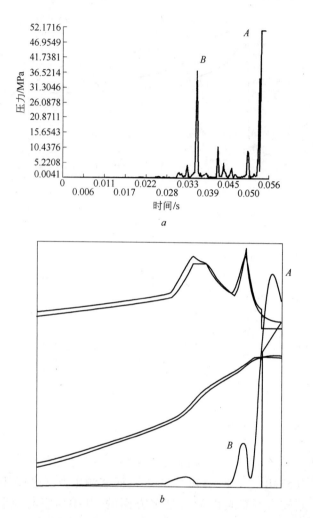

图 8 - 49 半固态铝合金触变压铸成型过程实测压力与模拟压力比较
a—模拟;b—实测

道、微弧分枝挤压道、曲线分枝挤压道。

直线扇形单挤压道系统中,浆料直接冲击型壁的作用大于微弧形单挤压道系统,所以设计中适当加大内填充口面积,以降低其充填速度、减小冲击力。

分枝挤压道系统的横道区,浆料的流动阻力大于微弧扇形单挤压道系统内的阻力,应在内挤压道的设计上适当减小内填充口面积,以提高其充型速度,缩小充型时间。

在全液态压铸浇道系统中,横浇道和内浇道的截面积比为 2 ~ 2.5。半固态铝合金触变压铸的挤压道系统中,减小横道与内填充口截面积之差将有利于高黏度浆料的流动、降低流变过程的能量损耗。为此,横道截面积与内挤压道面积比为1.3。

黏度很高的半固态金属在分枝挤压道系统流动中,由于系统中撞击损失、涡流损失和转向损失造成的压力损失较大,使得实际充填时间延长,浆料温度下降过多,容易造成多种缺陷;分枝挤压道系统还因具有较扇形单挤压道系统更大的外表面积,在单位时间内浆料传热过程更甚,也加快了浆料流温度的降低;较多的涡流死区使得浆料涡流趋势增加,易卷入各类气体。

由以上分析,在板类零件上,采用半固态铝合金触变成型工艺、分枝挤压道系统比之扇形单挤压道系统具有较低的力学性能。基于此,半固态铝合金触变压铸的设计原则为(适用于板类零件)[17]:

(1)尽量采用单个内填充口,避免多股浆料制件产生包气和冷纹等缺陷。

(2)卧式冷室压铸机上,直挤压道由压室和移料腔组成,直挤压道孔径等于压室孔径。

(3)横挤压道截面积形状为梯形,其宽深比为1.3。在有横道道内填充口制件的过渡区,采用收敛性过渡区尺寸设计。

(4)内填充口截面积按经验公式求得:

$$f_g = 24 \sim 32 \sqrt{G} \qquad (8-42)$$

式中 f_g——内浇口截面积,mm;

G——制件质量,g。

内浇口厚度为同一尺寸规格的全液态压铸的2~2.5倍,但不得超过制件壁厚。

(5)内填充口与横道之间的过渡形状,应该避免小曲率、多弯道,以减小浆料的流动阻力,同时,也不宜为直线形状,以免出现过大的填充死角。

(6)内填充口的浆料流动速度不宜过大,以10~15m/s为宜。

上述原则有利于在充填过程中减小半固态浆液的能量损失,在黏度较高的条件下,又使其具有足够的流动性。并在通过内浇口,作型腔充时,由于充填速度增大,实现了"剪切变稀"的半固态伪塑性流动,有利于模具充填。

B 排气口和溢流口

排气孔和溢出口发挥着非常重要的功能,多多少少要比传统的压铸或液态模锻中更重要一些。对半固态加工来说,放置排气孔和溢出口的目的是:(1)让金属更容易流动到模腔那些难以充填的部位;(2)消除由于模腔气体而产生的背压,这个背压可能减缓甚至让流通金属推出模腔;(3)更重要的是,可以为液态金属前沿被针状物或者其他的障碍物劈开后而留下的空隙提供额外的金属补缩。从流变学观点看:设置排气孔和溢出口,有利于层流充填。

C　压铸模设计

压铸模在半固态压铸过程中的作用在于：

(1)决定制件的形状和尺寸精度；

(2)已定的挤压系统决定着浆料的填充状况；

(3)已定的排溢系统决定着浆料的填充条件；

(4)模具的强度限制着压射比压的最大限度；

(5)影响操作效率；

(6)控制和调节压铸过程的热平衡；

(7)影响制件取出时的质量；

(8)模具表面质量既影响制件质量,又影响涂料周期,更影响取出制件的难易程度。

因此,压铸模的设计,实际上是对生产过程可能出现的各种因素的预测。在设计时,必须通过分析制件结构,熟悉操作过程,了解工艺参数能够施行的可能程度,掌握在不同情况下的填充条件,以及考虑到经济效果影响等步骤,才能设计出合理的、切合实际并满足生产要求的压铸模。

(1)压铸模的流变学设计。充模是指半固态金属在注射压力作用下,通过浇注系统后,在低温模腔内流动和成型的过程。依据制件毛坯图所选的分型面及其在型面上布置特点,确定熔体在型腔内的流动路线、熔接痕和气体夹杂(排气口和溢流口)的位置,确定分路连接点种类、位置及制件壁厚和流道尺寸的关系。这些因素将直接影响到制件形状完整性和力学性能,为此对充模流动必须进行流变学分析。其中主要内浇口尺寸与位置、模腔尺寸与形状对充模影响极大,下面予以讨论[18]。

1)内浇口截面高度与模腔深度相差很大。这种情况出现在小浇口正好面对一个深模腔的场合,充模易产生喷射,产生高速充模流动,形成蛇形流(图8-50a),或成型后制品因折叠而产生波纹状痕迹。

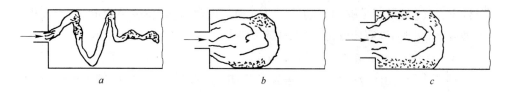

图8-50　半固态金属充模速度不同时的流动情况
a—高速；b—中速；c—低速

2)内浇口截面高度与模腔深度相差不大。这种情况出现在制件厚度不太大的场合,其半固态金属进入模腔后,出现一种比较平稳的扩展性流动(图8-

50b）。

3）内浇口截面积与模腔深度接近。这种情况出现在制件厚度很小场合,半固态金属作低速平稳地扩展流动（图 8 - 50c）。

上面后两种充模,均存在扩展流动特征,这是所希望的。依据充模流变学分析和制件最终形状,可以进行相应的计算和工艺参数的选取,以指导下一步模具结构和设备的选择。

（2）压铸模结构设计。压铸模是由定模和动模两个主要部分组成,定模与机器压射部分连接,并固定其上。挤压系统即与压室相通。动模则安装在机器的动模拖板上,并随动模拖板的移动而与定模合拢或分离。压铸模通常包括以下结构单元（图 8 - 51）[18]。

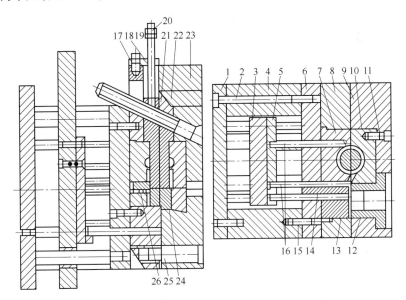

图 8 - 51 压铸模典型结构

1—限位块;2—滑块;3—楔紧块;4—斜销;5—滑块型芯;6—集渣包;7—压铸件;8—动型型芯;
9—定型套板;10—动型镶块;11—挤压道镶块;12—移入口套;13—定型底板;14、25—导套;
15—导柱;16—动型套板;17—支撑板;18—型脚;19—顶杆固定板;20—顶杆推板;
21—复位杆;22—顶料杆;23—顶杆;24—限位螺杆;26—顶杆推杆导柱

D 半固态压铸设备

在金属半固态压铸工艺中,压铸机是成型的核心设备之一,压铸机性能的优劣将直接影响触变压铸生产的正常进行。半固态金属在充型流动时的特点与液态金属不同,半固态金属的表观黏度还在不断发生变化,因而其流动阻力较大。因此,为了满足触变压铸的要求,所用压铸机应该具备以下功能:具有较高的压射压力和增压力,便于充满型腔和获得较高强度的压铸件;具有实时数字化控制压射压力和压射速度的能力,可以任意改变压射曲线,以满足稳定地层流充填型腔和减少紊流与裹气,获得致密的压铸件;具有放置半固态金属坯料的特殊压射室,满足触变压铸的基本工艺要求[3]。

E　半固态压铸工艺的影响因素

一般来说,影响触变压铸工艺的参数主要包括:半固态合金坯料的液相分数或半固态合金坯料的温度、冲头的压射速度或浇道中半固态金属浆料的流动速度、动态压射压力和静态增压压力、压射室和压铸型的预热温度、浇注系统设置等。另外,原始半固态金属坯料的制备工艺和半固态坯料的重熔加热工艺也会影响金属半固态触变压铸的工艺过程。

F　半固态压铸实例

以 $AlSi_9Cu_3$ 水泵盖半固态压铸为例说明如下。

(1)半固态坯料的制备。第一步,采用电磁搅拌方法,获得半固态坯料,其设备如图 8 – 52 所示,图 8 – 53 为 $AlSi_9Cu_3$ 半固态组织[18]。

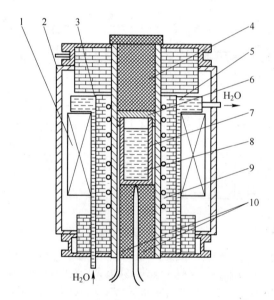

图 8 – 52　电磁搅拌垂直半连续制备设备

1—电磁搅拌器;2—装置外壳;3—绝热层;4—刚玉管;5—水冷套;6—坩埚盖;
7—搅拌坩埚;8—合金熔体;9—电阻线圈;10—热电偶

(2)二次加热。二次加热几乎均采用中频感应加热方法。

(3)半固态压铸。半固态压铸是在 J1125 型压铸机上进行,最大合模力2500kN,压射力 125 ~ 250kN 可调。坯料温度 578 ~ 581℃,模具温度 260 ~ 300℃,内填充口厚度(3.0 ± 0.5)mm,压射比压选取 50 ~ 60MPa。

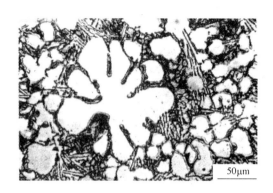

图 8 – 53   AlSi$_9$Cu$_3$ 半固态组织

与全液态压铸比,压铸内填充口厚度要大,压射比压要高 5 ~ 20MPa。坯料规格选用 ϕ65mm,半固态压铸后获得的制件如图 8 – 54a 所示,组织如图 8 – 54b 所示。将半固态压铸水泵盖从中剖开,发现在全液态压铸中常见缺陷完全消失,合格率达 100%。

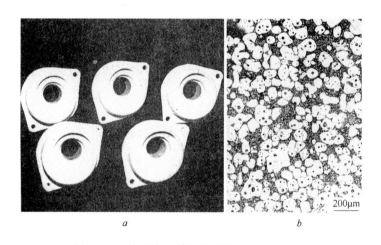

a b

图 8 – 54   半固态压铸的水泵盖(a)及组织(b)

参 考 文 献

[1]   林柏年. 铸造流变学[M]. 哈尔滨:哈尔滨工业大学出版社,1991.

[2]   钱万选. 压住填充过程的理论探讨[J]. 特种铸造及有色合金(压铸专刊),2001.

[3]   柳百成,荆涛. 铸造工程的模拟仿真与质量控制[M]. 北京:机械工业出版社,2001.

[4]   T. 阿尔坦,等. 现代锻造——设备、材料和工艺[M]. 陆索译. 北京:国防工业出版社,1982.

[5]　Г. Я. 古恩. 金属压力加工理论基础[M]. 赵志业,王国栋译. 北京:冶金工业出版社,1989.

[6]　G. E. 迪特尔. 力学冶金学[M]. 李铁生等译. 北京:机械工业出版社,1986:627.

[7]　张质良. 温塑性成形技术[M]. 上海:上海科学技术文献出版社,1986.

[8]　林兆荣. 金属超塑性成形原理及应用[M]. 北京:航空工业出版社,1990.

[9]　吕炎. 锻件组织性能控制[M]. 北京:国防工业出版社,1989:149 – 156.

[10]　吴春苗. 压铸实用技术[M]. 广州:广东科技出版社,2003.

[11]　赵祖德,罗守靖. 轻合金半固态成形技术[M]. 北京:化学工业出版社,2007.

[12]　林师沛,赵洪,刘芳. 塑料加工流变学及其应用[M]. 北京:国防工业出版社,2008.

[13]　阮雪榆,肖文斌,徐祖禄. 冷挤压技术[M]. 北京:机械工业出版社,1962.

[14]　曹洪深,赵仲治. 塑料成型工艺与模具设计[M]. 北京:机械工业出版社,1993.

[15]　罗守靖,陈炳光,齐丕骧. 液态模锻与挤压铸造技术[M]. 北京:化学工业出版社,2007.

[16]　Qiang Chen, Baoguo Yuan, Gaozhan Zhao, et al. Microstructural Evolution During Reheating and Tensile Mechanical Properties of Thixoforged AZ91D – RE Magnesium Alloy Prepared by Squeeze Casting – solid Extrusion[J]. Materials Science and Engineering A, 2012,537:25 – 38.

[17]　Zhao Zude, Chen Qiang, Hu Chuankai, et al. Microstructural Evolution and Tensile Mechanical Properties of AM60B Magnesium Alloy Prepared by the SIMA Route[J]. Journal of Alloys and Compounds, 2010, 497: 402 – 411.

[18]　杨湘杰. 半固态合金(A356)触变成形流变特性及其浇道系统的研究[M]. 上海:上海大学出版社,1999.